国家自然科学基金资助项目：紧急救援情境下涉及决策回避的伦理决策行为研究（项目编号：71271175）
教育部人文社会科学研究青年基金：伦理困境下个体决策回避的机理及应用研究（项目编号：12YJC630096）

大型自然灾害

紧急救援伦理决策行为研究

李良◎著

西南交通大学出版社
·成　都·

图书在版编目（ＣＩＰ）数据

大型自然灾害紧急救援伦理决策行为研究／李良著.
一成都：西南交通大学出版社，2017.7
ISBN 978-7-5643-5638-5

Ⅰ.①大… Ⅱ.①李… Ⅲ.①自然灾害－救援－研究
Ⅳ.①X43

中国版本图书馆 CIP 数据核字（2017）第 182504 号

大型自然灾害紧急救援伦理决策行为研究	李　良　著	责任编辑　邹　蕊
		特邀编辑　李海华
		封面设计　墨创文化

印张　9.25　　字数　142千	出版发行　西南交通大学出版社
成品尺寸　170 mm × 230 mm	网址　http://www.xnjdcbs.com
版次　2017年7月第1版	地址　四川省成都市二环路北一段111号
	西南交通大学创新大厦21楼
印次　2017年7月第1次	邮政编码　610031
印刷　四川煤田地质制图印刷厂	发行部电话　028-87600564　028-87600533
书号　ISBN 978-7-5643-5638-5	定价　48.00元

前 言

　　每一次大型自然灾害都是对全社会的一次考验，灾害给人们造成的心理创伤需要长时间来修复和愈合。虽然先进的科学技术使得当今社会的灾害预测、灾害防治以及灾害救援和灾后重建能力、水平不断提升，然而在灾难救援中人们所体验到的道德困惑并没有因为科技的进步而减少，变化的仅仅是问题所呈现的方式和人们的观念。尽管灾害伦理的重要性已经被广泛意识到，但与科技的进步相比，关于紧急救援伦理方面的研究显得还较为迟缓与不足。作为一种努力，本书尝试从人的心理和行为的角度对紧急救援伦理决策行为进行了初步的探索。

　　本书是两个方面的主要研究汇总而成的成果。其一是紧急救援伦理决策实证研究（本书的第 3 章），之所以称为实证研究实际上是指其研究所遵循的逻辑属于实证研究的范式。在这一部分里，笔者讨论了如何开发紧急救援决策实验情境，研究了常规情境下伦理决策影响因素和机理在紧急救援情境下是否仍然成立的问题。为了顺利开展实证研究，也为了更为清晰地认识本书所研究现象的背景，本书对自然灾害的情境特征和常见伦理问题进行了梳理和总结（本书的第 1 章），也对相关伦理决策领域的文献进行了回顾（本书的第 2 章）。笔者发现情境深刻影响着人们的伦理决策行为，有必要突破传统的理论框架来重新审视伦理决策问题。于是第二个主要的研究（本书的第 4 章）便应运而生，即紧急救援情境下伦理决策的定性研究。基于实证研究的心得，该部分的研究建立在诠释主义的哲学基础上，采用了扎根理论的研究套路，以大型自然灾害，特别是大型地震中人们的行为为研究对象，通过深度访谈深入到对大型自然灾害亲历者在紧急救援阶段的心理和行为的理解，逐步形成了紧急救援伦理决策行为的扎根理论框架。本书的第 5 章是对上述两个研究的系统集成，提出了紧急救援伦理决策行为模型，并对模型进行了简单的说明。而本书第 6 章是在整个研究过程中关于防灾、减灾、救灾的零零碎碎思考的总结，为了使其具有一定的完整性，而将思考深度不尽一致的内容进行了编排和整理。

由于涉及伦理决策行为的书籍在国内出版的并不多，关于该领域里的一些名词和术语并没有形成一个权威的统一标准。例如，尽管一些伦理学者认为伦理与道德在概念上是不同的，但人们常常将两者视作同义词，特别是在外文文献中，道德决策和伦理决策在内涵上几乎没有什么区别，对两者的运用更多地取决于语境和表达习惯。为了避免混淆，本书许多地方对涉及的概念同时用中文和英文进行了表述，希望不要因此而给读者带来困扰。

本书在研究和写作过程中得到了各方面的帮助。首先，感谢国家自然科学基金（项目编号：71271175）和教育部人文社科基金（项目编号：12YJC630096）的资助。其次，感谢研究过程中参与研究的各位灾害亲历者无私地分享了你们的经历，祝你们今后的生活平安、幸福！要特别感谢康奈尔大学商学院 Nagesh Gavirneni 教授、康奈尔大学人类生态学院的 Qi Wang 教授和新加坡国立大学商学院 Yaozhong Wu 教授给予的研究帮助和启示。希望我们合作研究的成果能够发表！还要感谢我的学生李惠民、李会齐、李路云等在数据收集和书稿整理中所做的大量工作。最后，感谢西南交通大学出版社对本书的出版给予的帮助。

由于作者在该领域的研究还在不断深入，作为阶段性成果其中难免有错漏之处，恳请读者朋友们包涵并指正。

作　者
2017 年 4 月于成都

目 录

引 言

—— 自然灾害中的伦理考量

2016 年 7 月 19 日凌晨 1 点多，一场突如其来的洪水改变了河北邢台大贤村村民的生活和命运，并酿成了 9 人遇难（其中 5 名是孩子）、11 人失踪的惨剧。这场令人心痛的灾难使当地众多问题暴露在公众面前。据大贤村村民反映，汛期时村口的河道曾被某热力公司筑起的人行道横向拦截。洪水来临前，仅有个别村民接到通知。[①]洪水虽然退去，但想到大贤村村民所承受的痛苦，相关涉事人员承受的良心的指责何时才能退去？

大贤村村民高丰收家有 6 口人，除了妻子和一双儿女外，还有和他们夫妇生活在一起的腿脚不便的父亲，以及独居在另一座房屋中的母亲。洪水来袭，高丰收决然趟着没腰的大水去村西头救母亲，安顿好母亲后，返回家中却发现妻子和儿女虽已爬到房顶脱离了危险，却再也不接受自己了。洪水过后，妻子带着一双儿女离他而去，留下高丰收一人，痛苦不堪。这便产生了网友高度热议的"高丰收之问"：大洪水来了，母亲和妻儿先救谁？

际遇不同的人都被这场灾难卷入到道德的漩涡中，如同生命和财产损失一样，自然灾害带来的道德拷问也将是人们心中永远的伤痛。大贤村水灾只是众多自然灾害造成的灾难的一个掠影，但通过这一事件我们足以认识到，灾害伴随的道德问题是难以回避的。

---

① 高丰收之问：大洪水来了，母亲和妻儿先救谁？ [EB/OL]. [2016-07-24]. http:// news.sohu.com/20160724/n460745751. shtml.

自然灾害是由自然力量导致的突发事件，按照灾害成因及其特点，自然灾害可以划分为气象灾害、地质灾害、海洋灾害和生物灾害四大类。我国是世界上自然灾害种类最多的国家之一。地震、滑坡、火山爆发、洪水、飓风、龙卷风、暴风雪、海啸等自然灾害的发生会形成广泛的破坏力，往往造成严重的环境破坏、人员伤亡和经济损失。以地震为例，2001 至 2016 年期间全球 7.0 级以上的地震多达 289 次，其中我国（含台湾地区）6 次①。地震的严重程度常常以伤亡人数来衡量，如 2005 年 10 月 8 日巴基斯坦 7.8 级地震造成 79 000 人遇难，65 038 人受伤；2008 年 5 月 12 日我国四川省汶川 8.0 级大地震造成 69 227 人遇难，374 643 人受伤，17 923 人失踪；2011 年 3 月 11 日日本 9.0 级大地震造成 11 578 人遇难，2775 人受伤，16 451 人失踪②。全球保险巨头瑞士再保险集团的报告显示，过去十年平均每年因自然灾害造成的经济损失高达 1920 亿美元③。

　　当地震、洪水、大火等各种灾难发生时，人们可能面临的是饥饿、干渴、失血、受伤、休克乃至死亡的威胁；周围可能是亲朋邻里、也可能是素未谋面的陌生人，甚至是曾经伤害过我们的人；人们会因客观现实扮演某种角色，一个等待救援的受灾人员、一名志愿者，抑或一名自救者。在那种情境之下，惊讶、恐惧、愤怒、同情、后悔、焦虑、庆幸等情绪迅速地笼罩了每个人。时间紧迫，人们没有进行深思熟虑的可能。在那种时刻，人们该怎么样捍卫自己的权利、追求自己的幸福呢？虽然当时没有时间进行深思熟虑，人们必须迅速地做出各种决策，但事后人们必定会对当时的情境、情绪、各种问题以及当时的决策进行反思，只要人还存在，还有思考的能力，这就是一定会发生的事情。灾害伦理学所提出的伦理原则是人们事后反思的一种判断依据，对道德决策行为的研究才能够更好地理解在特定的情境中人们是如何作出决策的，并为人们未来做出更好的决策而奠定基础。

　　人类最基本的权利在自然灾害中将会面临巨大的挑战。人们无法准确预料灾害的发生时间，灾害的爆发会瞬间让身处其中的人们面临

---

　① 数据来源：国家地震科学数据共享中心网站。

　② 数据来源：中国地震信息网。

　③ 数据来源：http://stock.10jqka.com.cn/20151224/c586679923.shtml.

生命安全的威胁，并且这种危险会持续相当长的一段时间。随着灾害的持续，人们生存的环境将会发生剧烈的变化，这种变化又可能引发多种或连锁的次生灾害，人们的生存权、健康权、对财产的所有权、受尊重权、获助权以及公正权等都面临着极大的不确定性。

伦理学所关心的是善——人（类）所追求的核心价值，诸如自由、平等、正直、诚实、公正、人性等，是善的构成要素或者是通向善的必由之路。然而在自然灾害，特别是大型自然灾害发生的过程中，人类所追求的核心价值面临着巨大的挑战。例如，灾害带来的影响不是常规社会资源可以应付的，需要紧急调集大量的资源进行救援以缓解灾害的影响，然而这些资源和外界的帮助到达灾区之后，随之而来的是灾难中的各方将会面临艰难的决策。该如何公平地分配这些资源？谁将会优先得到稀缺的救命资源？灾难中绝望的人们是否可以放弃诚实和正直，通过不正当的手段获得这些救命资源？政府、社会力量等都会组织大量的救援工作，那么救援是以效率为目标还是以公平和公正为目标？"自然灾害使人类诸多道德矛盾在瞬间交织爆发，因而成为进行伦理学研究的最佳场域。"还有太多关于自然灾害的伦理问题需要我们去发现、探索和解决。

1 自然灾害救援中的伦理问题

1.1 自然灾害

自然灾害①又称天灾，它是自然界中发生的一种给人类生存或生活环境带来危害的异常现象。自然灾害的形成必须同时具备两个条件：一是要有自然变异作为致灾因子，二是存在受危害的人员、财物或资源作为承灾客体。自然变异在由岩土圈、大气圈、水圈和生物圈构成的地球表层环境中不断发生，当此种自然变异给人类生存或生活环境带来危害时，即发生了自然灾害。自然灾害有多种分类方法，按照灾害成因及其特点可以划分为气象灾害、地质灾害、海洋灾害和生物灾害四大类。

1.1.1 气象灾害

气象灾害是因气象异常而导致的自然灾害，有 20 余种，发生频率高居四大自然灾害之首。我国是世界上少有的几个气象灾害多发、灾害损失严重的国家之一，每年因干旱、洪水、台风、冰雹等气象灾害而造成的经济损失高不可估。随着国民经济的快速发展，气象灾害对国民经济的损害也呈现上升趋势。

（1）干旱

干旱一般是指淡水减少以至于不能保障人类生存和社会发展的一

---

① 陈史培，等. 自然灾害[M]. 北京师范大学出版社，2008.

种气候现象。它具有发生频率高、波及范围广、持续时间长和后续影响严重等特点。干旱是对我国农业生产威胁最大的气象灾害之一。特定地区由于长期降水不足导致地表水蒸发、地下水位下降，该地区的作物生长和人类生活受到严重威胁。据统计，1951—1990 年我国平均每年发生 7.5 次旱灾，受影响田地达 2000 万公顷（1 公顷=10 000 平方米，下同），成灾面积 670 万公顷，近些年每年受影响田地达 3 亿多亩（1 亩≈666.67 平方米，下同），成灾面积 1.2 亿亩，每年因旱灾造成的农业损失达 2000 亿元，近 30 年因旱灾损失的粮食占我国粮食损失总量的 50%。干旱也是影响我国畜牧业发展的主要气象灾害，干旱会推迟牧草返青，降低牧草产量和牧草品质，威胁牲畜饮水，降低畜产品质量，严重时威胁牲畜的生存，此外干旱还会加剧草场的退化和沙漠化。干旱不仅影响农业和畜牧业的发展还会对工业发展造成重大的影响，工业用水不足会影响冶金、采矿、化工、食品加工等企业的正常运转，干旱还会对水力发电造成严重威胁。目前我国存在缺水问题的城市有 420 多个，每年因城市缺水影响而造成的经济损失达 2000 亿~3000 亿元。

（2）洪水

洪水是由暴雨、冰雪迅速融化、风暴潮等自然因素引起的河流湖泊水位迅速上涨造成水体溢出的一种水流现象。洪水是世界上最严重的自然灾害之一，如果在河流的自然洪涝地区出现洪水，将会对人类生活和工业生产造成严重损害。洪水一般会淹没农田，使土地无法进行农作物的种植和收获，这会引起人类和家畜的食物短缺；洪水也可能造成严重的水污染，增加伤寒、贾第虫、隐孢子虫、霍乱等水源性疾病发生的风险；洪水还可能引发中长期效应，例如粮食价格上涨，人民心理恐慌等。

虽然远离河流湖泊等水域可以降低洪水的损害，但由于河流湖泊周围存在肥沃的土地、充足的水源和便利的交通等，人类往往生活在河流湖泊附近。因此从地域上来看，洪水往往出现在河流湖泊集中、降水量充足、人口密度大、农业开垦度高的地方，例如北半球的温带和亚热带。我国是世界上受洪水影响最大的国家之一，据史料记载，从公元前 206 年至中华人民共和国成立前，我国共发生严重洪水 1092

次，平均每年发生 0.5 次，目前洪水仍是对我国危害最大的气象灾害之一，我国有 35%的农田、40%的人口以及 70%的工业生产活动受到洪水的威胁，每年因洪水而造成的经济损失位居各类自然灾害之首。

然而，洪水并非只有坏处，它（特别是频繁而小流量的洪水）也会给农牧业生产及生态系统带来许多好处，如补给地下水、使土壤更肥沃、增加土壤养分、杀死农田中的害虫等。淡水洪水能维护河流走廊生态系统，是维持河漫滩生物多样性的关键因素，洪水中的营养物质扩散到湖泊和河流中还能增加生物量和提高渔业产量。

（3）热带气旋

热带气旋是发生在热带或亚热带地区的一个快速旋转的风暴系统。热带是指该系统的地理起源几乎完全形成于热带海洋；旋风是指它的气旋性质，风在北半球呈逆时针旋转，在南半球呈顺时针旋转。根据其位置和强度，热带气旋分为飓风、台风、热带风暴、旋风等。飓风发生在大西洋和东北太平洋，台风发生在西北太平洋，旋风则发生在南太平洋或印度洋。热带气旋直径通常在 100 至 2000 千米之间，其破坏性极强，除强风和雨水外，热带气旋还能产生大浪、破坏性风暴潮和龙卷风，破坏国际航运，甚至造成沉船事故。热带气旋在陆地上与主能量源的联系会被切断，它们通常在陆地上会被迅速削弱，因此，与内陆地区相比，沿海地区特别容易受到热带气旋的破坏。强风可以损坏车辆、建筑物、桥梁以及其他外部物体，并将损坏物体的碎片变成致命的飞行弹。热带气旋带来的强降水可能导致洪水泛滥，而风暴潮可以在距离海岸线 40 千米处产生广泛的沿海洪水。在过去两个世纪，热带气旋已造成全世界约 190 万人死亡。虽然热带气旋对人类的影响往往是毁灭性的，但它也是维持全球热量和动量平衡的重要机制，它可以将热能从热带运送到温带，在调节区域和全球气候方面能发挥重要作用。

1.1.2 地质灾害

地质灾害是因地质动力作用导致岩体或土体位移、地面变形以及地质环境恶化进而对人类生命财产或环境造成破坏的地质现象，其具有突发性、区域性、影响广泛性和不可避免性的特点。地质灾害的成因有自然演化和人为诱发两个方面。常见的地质灾害有地震、滑坡、泥石流等。

（1）地震

地震又称地动，是地壳突然释放能量产生地震波的结果。根据地球构造板块学说，全球由六大板块构成，板块之间因相互碰撞挤压而产生的错动和破裂是产生地震的主要原因，据统计，全球 85%的地震发生在板块边缘地带，六大板块的边缘地带形成了地震集中分布的三大地震带：环太平洋火山地震带、地中海—印度尼西亚地震带、洋脊地震带。地震灾害的作用时间很短，最短十几秒，最长也不过两三分钟，常常令人措手不及。由地震产生的灾害分为原生灾害和次生灾害两类。原生灾害即直接由于地震的振动而造成的灾害，例如，人员伤亡，地面建筑物的倒塌，山体的破坏（滑坡、泥石流等），海啸等。地震造成原生灾害的严重程度取决于地震震级、物体与震中距离以及局部地质和地貌条件；地震的发生会打破自然或社会的平衡状态，进而引发一连串的次生灾害，常见的地震引起的次生灾害有火灾、水灾、毒气、瘟疫等，其中火灾可能是次生灾害中发生频率最高和后果最严重的，如1906 年旧金山地震、1923 年的日本关东地震和 1995 年的日本阪神地震都引发了大火，关东地震中丧生的 14 万人当中有 10 万人死于大火。据统计，地球上每年约发生 500 多万次地震，平均每天有上万次地震发生，其中绝大多数由于震级太小或震源较深而无法被人们察觉，真正能对人类造成严重危害的地震大约有十几次，能造成特别严重灾害的地震大约有一两次。

（2）滑坡

滑坡又称塌方、地滑，是斜坡上的土体或者岩体受河流冲刷、地下水活动、雨水浸泡、地震或人工切坡等因素的影响，在重力作用下沿着一定的软弱面或者软弱带，整体地或者分散地顺坡向下滑动的自然现象。运动的岩（土）体称为变位体或滑移体，未移动的下伏岩（土）体称为滑床，水下发生的滑坡称为海底滑坡。产生滑坡的条件有两个：

一是地质地貌条件，二是内外动力或人为作用的影响。在地质地貌条件方面，岩（土）体是产生滑坡的物质基础，岩（土）体被各种构造面切割分离成不连续状态是滑坡发生的地质构造条件。处于一定的地貌部位并具有一定坡度的斜坡是滑坡发生的地形地貌条件，地壳运动或人类工程活动频繁是引发滑坡发生的第二个条件。滑坡的发生会给工农业生产及人民生命财产造成重大伤害，滑坡造成危害的程度主要与滑坡规模、滑坡速度、滑坡距离以及其位能和产生的动能有关。滑坡对乡村的危害主要表现为耕地、农舍、人畜、道路、农业基础设施及水利水电设施的损坏；滑坡对城镇的危害主要表现为人员伤亡、掩埋房屋、损坏工厂、破坏城镇基础设施等，并会造成停水、停电等后续影响。

（3）泥石流

泥石流是指在山区或沟谷深壑等地形险峻的地区，因为暴雨、暴雪或其他自然灾害而引发山体滑坡并携带有大量泥沙以及石块的特殊洪流。泥石流具有突发性、流速快、流量大、物质容量大和破坏力强等特点，流动的全过程一般只有几小时，短的只有几分钟，泥石流中夹杂着大量的泥沙石块等粗大的固体碎屑物，爆发突然，来势凶猛，破坏力极强。泥石流的形成必须同时具备三个条件：一是有陡峻的便于集水集物的地形地貌，二是存在大量的松散物质，三是短时间内出现丰富的水。泥石流的强度主要与地形地貌、地质环境以及水文气象条件密切相关，例如，崩塌、滑坡地区由于存在大量破碎的岩块而可以为泥石流的形成提供松散的固体物质，沟谷一般纵向坡度较陡、汇水面积较大，便于集水集物，水文气象则与短时间内出现丰富水源密切相关。一般情况下，短时间内出现的高强度暴雨更容易形成泥石流。泥石流一般伴随着滑坡、洪水等灾害同时发生，其危害程度远比单一的洪水、滑坡等灾害更严重，泥石流进入村庄会淹没人畜、摧毁农田，甚至造成家破人亡的惨剧。泥石流汇入河道会引起河道的大幅变迁，间接毁坏公路、铁路及其他构筑物，甚至迫使道路改线，造成巨大的经济损失。

1.1.3　海洋灾害

海洋灾害是海洋自然环境发生异常性激烈变化而导致海上或海岸

带发生异常的自然灾害。海洋灾害主要指海啸、风暴潮、赤潮等突发性自然灾害，导致海洋灾害的主要原因有大气剧烈变化、海水状态突变、海底地震、海底火山喷发等。海洋自然灾害的发生不仅对海上造成危害，还会威胁到沿岸人民的生命财产安全和经济的发展，据统计，海洋灾害所造成的损失呈现上升的趋势。

（1）海啸

海啸又称"海吼"或"海唑"，是由海底地震、火山爆发、海底滑坡引起的破坏性海浪。海啸按其成因可分为地震海啸、火山海啸、滑坡海啸三大类，海啸不同于正常的海底洋流和海浪，其波长可达数百公里，在进行长距离传播的过程中能量损失较小，其波速高达 700～800 千米/时，数小时内就可以横跨整个海洋。当海啸到达海岸线时会掀起狂涛骇浪，高度可达十多米至几十米不等，形成含有巨大能量的"水墙"，并且每隔几分钟或十几分钟重复一次，有时最先到达海岸的海啸可能是波谷，水位下落后暴露出浅滩海底，几分钟后波峰到来，一退一进，造成毁灭性的破坏。海啸会引起的巨浪呼啸而来，以摧枯拉朽之势越过海岸线，越过田野，迅猛地袭击着岸边的城市和村庄，瞬时人们都消失在巨浪中，港口所有设施、被震塌的建筑物在狂涛的洗劫下被席卷一空，海啸过后海滩上一片狼藉，到处是残木破板和人畜尸体。

（2）风暴潮

风暴潮又称"风暴增水""风暴海啸"或"风潮"，是发生在沿岸的一种由热带气旋、温带气旋、冷锋和气压骤变等气象因素导致的海面异常升降的海洋灾害。风暴潮的形成一般要具备有利地形、持续刮向海岸的大风和天文大潮三个条件，有利地形使海水积聚在一起不向四周扩散，持续刮向海岸的大风引起海水的迅速上升，天文大潮与持续刮向海岸的大风交互作用即形成了风暴潮。风暴潮的波及范围一般在几十公里至几千公里，持续时间在 1～100 小时之间。大风和高潮水位是导致风暴潮发生的主要因素，风暴潮会导致某地区猛烈增水，进而对海岸人民的生产生活造成重大伤害。风暴潮灾害居海洋灾害之首位，世界上绝大多数因强风暴引起的特大海岸灾害都是由风暴潮造成的。1970 年孟加拉湾发生了一次巨大的风暴潮，该风暴潮使 30 万人丧生、

50万牲畜淹死、100多万人失去家园。

（3）赤潮

赤潮又称"红潮"，是水中某微型藻、原生生物或细菌受到一定刺激后迅速繁殖或聚集在一起而造成水体变质的一种生态异常现象。赤潮形成的原因比较复杂，但目前大部分专家认为，赤潮生物的存在和水体的富营养化是产生赤潮现象的主要原因。赤潮生物悬浮在海洋中通过光合作用进行新陈代谢，当海水温度适中、海水中的营养物质充足时赤潮生物就会疯狂地繁殖，此时海洋系统中的生态平衡已经遭到了破坏，海洋里的鱼、虾、贝类等生物不能进行正常的生长、发育和繁殖，甚至面临死亡。有些赤潮生物还会分泌赤潮毒素，生活在含有这些赤潮生物的海洋中鱼、虾、贝类也会受到赤潮毒素的毒害。有毒物质在鱼、虾、贝类的体内积存，这些鱼、虾、贝类一旦被人类过量食用就会导致中毒事件的发生。据统计，全世界因食用含有赤潮毒素的贝类而中毒的事件300多起，死亡人数超过300人。

1.1.4 生物灾害

生物灾害是指由动植物活动和变化所造成的自然灾害。自然界中的各种生物相互依存并处于动态平衡状态，生物圈的几百万种动植物互相依存、和谐共处，这种生态平衡一旦遭到破坏，生物灾害就会接踵而至。常见的生物灾害有森林火灾、病虫害、生物入侵等。

（1）森林火灾

森林火灾是指在森林内肆意蔓延并对森林生态系统和人类生命财产安全带来危害的森林失火现象。它属于广义的生物灾害，森林火灾具有突发性强、破坏性大和施救困难的特点。森林火灾的发生需要同时具备森林可燃物、火源和助燃物三个条件，森林中的乔木、苔藓、枯枝落叶等有机物都属于可燃物，氧气属于助燃物，人为因素、长时间的干燥天气或雷击等因素会为森林火灾的发生提供火源，三个条件一旦同时具备森林火灾就会接踵而至。森林在国民经济中占有重要地位，它不仅能提供国家建设和人民生活所需的木材及林副产品，而且还肩负着释放氧气、调节气候、涵养水源、保持水土、防风固沙、美化环境、净化空气、减少噪音及旅游保健等多种使命。森林火灾的发生会烧毁森林的动植物资源，破坏生态环境，引起水土流失，加重空气污染，对国民经济发展造成重大危害，甚至威胁人类生命安全。

（2）生物入侵

生物入侵是指生物由原生存地经自然的或人为途径侵入到另一个新的环境，并对新环境中的生态系统造成一定危害的现象。生物入侵分为有意入侵、无意入侵和自然入侵三种方式。有意入侵是世界各国出于引进外来优良动植物品种的考虑而发生的物种引进行为；无意入侵一般是某入侵物种通过国际游轮、进出口贸易等被无意引入到新环境中；自然入侵一般是通过风、水体流动或昆虫、鸟类的传带，使得植物种子或动物幼虫、卵或微生物发生自然迁移而造成生物危害所引起的物种入侵。外来入侵物种具有生态适应能力强、繁殖能力强、传播能力强等特点。被入侵的生态系统中一般具备充足的入侵物种所需的资源，入侵物种在新环境中快速适应并迅速繁殖，大肆侵占生态系统中的可利用资源，加速物种灭绝，抢夺其他生物的生存资源和空间，破坏生态平衡。

不同的自然灾害具有不同的发生原因和发展规律，灾害所带来的灾难性后果也因具体的条件而千差万别。针对每一种自然灾害进行研究对一本书来说是不现实的，好在不同自然灾害所带来的问题在时间紧迫性、强度等方面虽然不同，但其所对应的伦理问题却是一致的，因此本书主要针对大型地震中的紧急救援为背景进行研究，其所得到的结论对其他灾难救援同样具有借鉴意义。

1.2　自然灾害救援是全社会的共同责任

灾害的发生对人类的生命财产造成巨大损害，受灾地区的生活环境、生活条件和生活秩序都发生剧变，受灾的民众处于非常困难甚至非常危险的状况，他们除了努力与灾害进行抗争之外，亟须全社会的关注和援助。一方有难八方支援，彰显的是人类深切的同情和仁爱精神，根源于人性深处的美好品德。经验主义哲学开创者约翰·洛克认为："政府有责任，基于其起源的正当性，为公民在灾难中造成的第二自然状态中的公民做好准备。这种准备需要通过公共政策实施。"

世界各国都针对大型灾害防治与救援进行了立法。例如德国联邦政府出台的《民事保护法》以及州政府出台的《灾难保护法》《救护法》和《公民保护法》等多部法律，进一步明确划分了各级政府参与公民保护的职责。①1946年，日本颁布了《灾害救助法》，1961年进而制定颁布了《灾害对策基本法》。根据《灾害对策基本法》，日本还颁布了《河川法》《海岸法》《防沙法》等法律法规。目前，日本共制定应急管理（防灾救灾及紧急状态）法律法规227部。各都、道、府、县（省级）都制定了《防灾对策基本条例》等地方性法规。②早在1950年，美国就制定了《灾害救助和紧急援助法》。美国政府所制定的应急法律主要有《国家安全法》《全国紧急状态法》《反恐怖主义法》《减灾和紧急救助法》《使用军事力量授权法》《航空运输安全法》等近100个相关法律，还有《国家应急预案》《联邦应急计划》等规章制度，形成了一个完整的应急立法体系。③④我国相应的也有《中华人民共和国防震减灾法》《中华人民共和国消防法》《中华人民共和国突发事件应对法》以及各级政府、各级人大发布的相关的灾害防治与应对法规条例。⑤⑥

各国构建了适合各自国情的灾害救援体制。例如德国构建了以消

① 钟开斌. 现代应急管理的十大基本理念[N]. 学习时报,2012-12-17.
② 杨东. 论灾害对策立法——以日本经验为借鉴[J]. 法律适用，2008，273（12）：11-15.
③ 翁垒. 美国突发事件应急反应概况及启示[J]. 交通建设与管理，2010（Z1）：16-23.
④ 肖沛琪. 美国应急管理体制概述[J]. 中国应急救援，2006（2）：44-46.
⑤ 魏华林，向飞. 地震灾害保险制度的法律依据和前提条件——兼评《中华人民共和国防震减灾法》第四十五条[J]. 武汉大学学报：哲学社会科学版，2009（6）：755-760.
⑥ 张鹏，李宁，范碧航，等. 近30年中国灾害法律法规文件颁布数量与时间演变研究[J]. 灾害学，2011，26（3）：109-114.

防为核心的多层次救援队伍梯队。消防队伍是第一梯队，负责日常综合性突发事件应对与处置。联邦技术救援署（THW）为第二梯队，应当地机构（如消防部门）要求提供支持性救援，如定位、清洁、清障、协调、维修、泵水、桥梁、供餐、照明、供电、爆破、重建、净化等。其他志愿者组织为第三梯队，为前两者提供后备力量。这种救援梯队层次分明，分工合理，可以较好地满足应对不同层级的突发事件。^①日本建立了中央政府、都道府县（省级）政府、市町村政府分级负责，以市町村为主体，消防、国土交通等有关部门分类管理，密切配合，防灾局综合协调的应急管理组织体制。^②俄罗斯民防、应急与减灾部，简称紧急状态部，全面负责国内自然灾害救援。紧急状态部管辖联邦紧急状态行动指挥中心，中心内设民防与灾害管理研究所和救援培训中心（即"179"部队），并根据疆土、灾害情况，完善了划区救援体制。全国设 8 个区域中心及 8 支专业救援队，分布在莫斯科、圣彼得堡、顿河罗斯托夫、萨马拉、叶卡塔琳娜堡、诺瓦西比斯克、契塔和卡巴洛夫斯克。地方的紧急救援机构按行政区域逐级分设。救援队伍建设实现了力量主体专职化、专业化和军事化。^③2003 年，小布什总统签署《国土安全第 5 号总统令》，要求开发《全国突发事件管理系统》《全国响应框架》。紧接着，《国土安全第 8 号总统令》对于加强全国应急准备工作提出了一系列具体要求。这两个总统令为规范和整合全美应急管理规程体系指明了方向。2011 年，鉴于美国安全形势和应急管理工作需要，奥巴马总统颁布《第 8 号总统政策令》，明确提出要重构全国应急准备规程体系。在这一政策令中，较以往更加突出了以能力建设为核心的应急管理体系建设的目标。^④

自然灾害是全社会共同面对的灾难，必须集全社会之力来应对。政府承担减灾救灾的主体责任，但在大灾大难面前第一时间仍需要当

---

① 张磊. 应急救援队伍标准化建设：以德国 THW 为例[J]. 中国应急
管理，2011（9）：49-53.

② 杨斌. 日本如何应对灾害[J]. 中国经济周刊，2007（3）：51-51.

③ 游志斌. 俄罗斯的防救灾体系[J]. 中国公共安全，2008（3）：
124-127.

④ 李雪峰. 美国应急管理规程体系建设的启示[J]. 行政管理改革，
2013（2）：51-55.

地人民群众的自救和互相救援，当地的社会力量参与救灾工作为减灾救灾和恢复重建工作发挥了重要作用。本地社会力量具有熟悉灾区地理环境、通晓本地方言、距离受灾地区近、后勤自给保障便利等优势。社会救援队伍的救援工作已经从传统的生活救助逐步延伸到心理援助、情绪抚慰、遗属陪护、妇幼病残老等特殊人群救助、生计恢复发展等。德国的志愿者队伍庞大，在应急救援工作中发挥着主力军作用。志愿者服务在德国社会的认可度较高，志愿者自身有较高的荣誉感。德国颁布了多个有关志愿者参与应急救援的法律法规。例如，法律规定，年满 12 岁的德国公民就可申请登记成为志愿者，接受应急培训，参加各类公益活动，最高可到 60 岁；如果志愿者参加应急救援，其所在公司须准假且照发工资，由国家给予相应补偿。德国应急救援志愿者机构众多，成为应急救援专业队伍的后备力量。[1]美国主张以社区为主体开展防灾减灾工作，做好预防准备工作，降低社区的脆弱性，尽可能减少或者避免灾害事件演变为灾难事件。除了注重硬件设施建设外，社区还必须从居民组织与实施方案等方面着手，通过制度的拟定以及居民防灾减灾意识的形成，使社区向可持续发展的方向迈进。[2]澳大利亚有众多社会中介机构参与应急管理和防灾减灾工作，总部设在墨尔本市的澳大利亚—亚洲防火理事会（AFAC）就是一个典型。AFAC始建于 1993 年，性质相当于一个民间协会。服务对象除澳大利亚各级政府外，也向新西兰、巴布亚新几内亚、新加坡、东帝汶等国家和地区提供与消防事务有关的产品及服务。AFAC 通过训练专业消防队员、培训志愿人员、提供咨询服务及专业设备等赢取利润。[3]在重大灾害面前，日本的危机应对力量主要有自卫队、警察和消防、社会团体等几种救援力量。以 2007 年的新潟地震为例，地震发生后半小时，自卫队就派出救援队伍赶赴受灾现场。自卫队在救灾初期的主要任务是检查现场、救助遇难者和看护伤员，当由警察与消防组成的救援队赶到现

① 董泽宇. 德国应急救援体系及其启示[J]. 中国应急管理，2011（11）：51-55.

② 邹积亮，朱伟. 国外防灾减灾能力建设经验及启示[J]. 中国应急管理，2015（11）：68-70.

③ 杜永胜，舒立福. 国际区域性林火组织——澳大利亚—亚洲防火理事会（AFAC）[J]. 森林防火，2004（3）：46-46.

场后，其主要任务慢慢转向运输救援物资、供水、发放食物和安排灾民洗澡等；地震发生后，邻近各地警视厅与消防厅立即成立紧急救援队，开赴灾区执行紧急救援工作；社团法人日本煤气协会在地震发生后，马上成立对策本部，抽调技术人员组成支援部队，迅速派到现场从事维修、供气等工作。另外，志愿者救援过程中也发挥了十分重要的作用，在这期间共有 9 万多名志愿者参与救灾工作。①

可见自然灾害救援涉及的范围广、人员众多，不同主体的利益诉求往往不同，时间紧迫、资源紧缺、救援困难，利益相关者之间的各种矛盾集中体现。法律制度和严格的规范流程都不足以消除大型自然灾害中所存在的各种道德困境。不同的主体特别是公共医疗机构、国家红十字协会、国际新月活动组织等纷纷制定了各自的伦理规范。伦理规范划定了人们行为的道德边界，但并不能告诉人们在特定的情境下该干什么。例如，无歧视原则告诉我们救助不应该因国别、性别、种族、社会阶层等而有差异，但面临不同国家的人，人们具体该如何进行救援则需要救援者根据具体情况来决定，这就带有对无歧视原则的不同理解。因此我们还需要去做更多的工作来探索人们在进行各种决策时的影响因素，从而帮助人们去更好地认识自己、完善自己。

1.3　自然灾害救援的情境

人类努力用各种方法降低自然灾害的风险。科学家、地质学家和风暴观察者等努力预测重大灾害并尽可能避免造成更多损失。科学技术的发展使得预测大风暴、暴风雪、龙卷风和其他与天气有关的自然灾害变得更容易。但仍有自然灾害，如地震、野火、山体滑坡，甚至火山爆发常常以意外的方式发生。即使这些灾害有时可以被预测到，但警告的时间往往很短，灾难性的结果很难避免。

突然发生的自然灾害会使灾害区域的环境发生巨大变化，例如地震之后，山谷崩塌、家园毁坏、死伤遍地、通讯中断、道路中断、生

---

① 孟峭. 日本横滨市对新潟县中越冲地震的援助行动[J]. 中国城市环境卫生，2008（3）：35-37.

命线中断、次生灾害频发,人们处于惊恐、悲痛、无奈、焦急、疲惫之中。再如洪水发生后,山体垮塌,道路被冲断,房屋成断梁瓦砾,庄稼埋在淤泥中,积存的污水中漂浮着各种破碎的物品,家园一片狼藉。常规的物资储备往往遭到破坏,使得救援工作异常困难。

遭受大型自然灾害的人员需要紧急救援和人道主义援助。灾害直接导致人员伤亡,生存环境和生活条件破坏,并且次生的、衍生的灾害进一步威胁着人们的生命财产安全。大面积的自然灾害往往极易造成疫病流行,进一步加剧灾情,灾区社会也会因此陷入危机并进而影响到其他地区的稳定。因此,实施灾害救援必须将各种救灾资源和救灾人员迅速运往灾区,立即开展受害人员营救和自救,协助受灾人员撤离高危区域。

紧急救援资源通常包括九大类[1]:

(1)搜救设备:各种用于信息通讯、照明、搜寻与定位、营救等的救灾仪器或设备,例如发电机、对讲机、应急灯、生命探测仪、搜救犬、挖掘、切割、装卸、支撑、起吊、爆破、钻孔、掘进、通风、防护等设备。

(2)医疗、急救、卫生防疫器械和药品:用于伤病员手术、急救和治疗的器械、药品、卫生材料以及用于防疫的消毒水、喷雾器等。

(3)食品和水:维持受灾地区各类人员生存的食品(各种方便食品、粮、油、蔬菜、肉、蛋)、水(纯净水、各类饮料)、炊具、净水设备等。

(4)帐篷、棉被、衣物和生活日用品:受灾地区各类人员需要的帐篷(篷布、帆布、彩条布)、活动房、棉被(毛毯、床垫、被褥、睡袋)、衣物(衣服、袜子、鞋)以及杯子、毛巾等。

(5)防护用品:手套、口罩、雨靴等。

(6)道路抢修资源:用于道路抢修的设备和物资。

(7)次生灾害预防资源:用于预防次生灾害的设备和物资,例如消防设备、建筑物加固设备和物资等。

(8)运输、装卸设备:运送各类人员以及运输和装卸各类物资和专用设备的工具。

---

① 根据"5·12"汶川地震经验和国际人道主义救援总结。

（9）各类救援人员：各类指挥协调人员、搜救人员、医护人员、工程人员、道路抢修人员、驾驶人员、志愿者等开展指挥协调、搜救、医治和护理、道路抢修、次生灾害防治、运输、维持秩序、分发物资、安抚灾民等救援活动。

抢救受害人员是应急救援的首要任务，在历次关于重大灾害救援的指示或批示中，国家领导人都把尽可能地挽救生命，最大限度地保护受害者的生命安全作为首要任务。在应急救援行动中，快速、有序、有效地实施现场急救与安全转送伤员是降低伤亡率，减少损失的关键。为受灾人员提供人道主义援助，及时解决灾民的生存危机，搭建临时住所，提供生活必需品，采取各种措施进行自身防护，必要时迅速撤离危险区或可能受到危害的区域，并在撤离过程中开展自救和互救工作。

开展险情排查，采取有效措施防止次生灾害的发生。例如，地震常见的次生灾害包括火灾、毒气污染、细菌污染、放射性污染、滑坡和泥石流、水灾；沿海地区可能遭受海啸的袭击；冬天发生的地震容易引起冻灾；夏天发生的地震，由于人畜尸体来不及处理及环境条件的恶化，可引起"环境污染"和瘟疫流行。

按照 Jones（1991）提出的道德决策情境的 6 个维度来分析[①]，大型自然灾害紧急救援具有以下特点：

（1）后果的严重性：救援决策后果涉及受灾人员的生命和健康，预期的后果非常严重。大型自然灾害往往令大规模的群众瞬间面临生命、健康和财产的威胁。紧急救援对于降低上述危害和损失具有重要的影响。例如，汶川地震后 8 天内共救出 83 998 人；日本地震与尼泊尔、中国地震相比死亡人数低很多。死亡人数通常受多种因素的影响，其中救援活动对死亡人数的影响非常显著。

（2）社会观点的一致性：由于自然灾害紧急救援尚无较通行的伦理准则，因此各种救援行为的道德判断存在较大争议，且受到广泛的关注。尽管人们在一般意义上对于紧急救援中的伦理问题有一个统一性的认识，但考虑到具体的情境往往没有通行的伦理准则。

（3）后果发生的不确定性：大型自然灾害紧急救援中充斥着各种

---

① 也就是道德强度的 6 个维度，有些文献将其译为其问题强度或问题强度。

各样的风险，不可预知和突发的事件随时都有可能发生，这就可能导致决策者对危害结果的可能性难以准确估计。各种因素之间存在着复杂的联系，并且许多因素表现出动态时变性，因此大型自然灾害引发了一个复杂的非线性风险系统，外部条件微小的变化和人们的某一反应行为对最终的损失都有可能造成重大影响。

（4）后果发生的即时性：后果的发生需要一定的条件，灾害发生后，救生决策短期内可见效果，但对于决策所造成的环境、社会影响，其效果可能需要较长时间才能显现。

（5）人员关系的亲密性：决策者与受影响者之间的关系亲密性会影响决策者的行为。自然灾害发生后，人们普遍面临身边的人的救助问题。很多决策发生在受灾群众的自救中，决策者和被救对象之间具有较高的亲密性。然而也存在大量外来救援者与待救援者之间关系比较远。不同的关系亲密性影响着不同救援人员不同情况下的决策，使得人们的伦理决策行为存在众多的不一致。

（6）决策后果的集中性：一部分救援决策直接影响受灾群众及其他利益相关者，效果具有集中性，而另一些救援决策的受影响者则可能是广大的人们群众。决策的集中性影响着决策者的伦理判断和伦理决策。

来自不同领域的大量研究显示决策情境对决策行为具有重要的影响。伦理决策也毫不例外地受到决策情境的影响。（ Leitsch，2004；Chieh-Wen Sheng 和 Ming-Chia Chen，2011 ）紧急救援伦理问题的独特性意味着不能直接借鉴其他领域的研究成果来解决紧急救援中的伦理问题，需要专门对该类问题进行研究。

1.4　自然灾害救援中的常见伦理问题

灾难发生的时间无法被准确预料，一旦大型自然灾害发生，身陷其中的人们瞬间就面临了生命安全的威胁，并且这种威胁会在一定时间内持续存在。灾害带来的影响不是常规社会资源可以应付的，需要紧急筹集大量的资源进行救援和缓解灾害的影响。生命是平等的，每个人都有同等追求生存的权力，然而，紧急搜救资源通常是有限的，资源的有限性使得其配置不得已要有一个次序，优先获得救助的人较后得到救助的人的生存机会会更大。在这种情况下，紧急救援过程中各相关主体面临着多种无法回避的道德困境，"灾害是人类无从避免而又必须面对的突发现象。它使人类诸多道德矛盾在瞬间交织爆发，也因而成为进行伦理学研究的最佳场域。"①然而当前专门针对紧急救援情境下的伦理决策行为的研究还非常少。

在大型自然灾害紧急救援中存在大量伦理决策问题。例如 2008 年汶川地震发生后，在救援资源有限的情况下，救援人员需要决定救援的顺序，以及如何将紧缺的救援药品配置给不同的伤员等问题。紧急医学救治相关的伦理问题早在第一次和第二次世界大战期间就受到人们的关注，我国也有一些学者对紧急医疗救助中的伦理问题进行了分析，例如，汤金洲、郭照江（2001），李天莉（2002），常运立等（2008）等，但对于灾后紧急救援中存在的伦理问题的深入研究并不多。灾害的情境是千变万化的，故本书希望总结一些典型的情境和问题，通过研究这些典型情境中的伦理决策行为，形成对人们在紧急救援情境下的伦理决策行为的深刻认识。

1.4.1　救援的代价问题

通常在紧急救援阶段，资源调配的目标是最大可能地挽救（人的）生命，所谓"不惜代价"。例如，在党的十八大以来，历次针对紧急救援，国家领导人的指示或批示中都将最大可能挽救生命作为首要目标。同时，在大型自然灾害发生后的初期阶段，即紧急救援阶段是挽救生命的最佳时段，错过这个阶段人被救出并存活的概率将非常小。当前关于紧急救援资源调配的研究基本上是以资源调配时间最短为目标函数的②，个别研究考虑了待救人员的生命函数③，但这些研究都没有考虑紧急救援中资源调配的其他代价。在紧急救援中，代价包含的内容

---

① 刘雪松，王晓琼. 汶川地震的启示——灾害伦理学[M]. 北京：科学出版社，2009.

② 周广亮. 应急资源配置与调度文献综述与思考[J]. 预测，2011，30（3）：76-80.

③ 李良，郭强，李军. 震后紧急搜救资源配置[J]. 系统工程，2009(8)：1-7.

是比较多的，除了经济成本，还有社会、环境的代价，有时甚至是生命的代价，例如大家熟知的，在汶川地震中由于救援的直升机失事造成 18 名机组人员全部遇难。①

紧急救援所付出的代价最终将由相关救援人员乃至全社会来承担，这导致了全社会福利的降低，尽管可能是非常微小的减少，问题是人们在救援时是否需要权衡救援的效果与付出的代价？当代价是社会影响、环境危害，以至健康和生命时又将如何权衡？

1.4.2　资源分配的公平与效率问题

救援资源的有限性与救援资源的关联需求性，使得紧急救援资源无法同时满足所有受灾地区（群众）的所有需要，救援的紧迫性不允许等待能足够平均分配的资源的筹集，等待可能造成更大的损失，因此紧急救援资源的分配必须要考虑先后顺序问题。从人道和伦理的角度看，所有受灾群众都是平等的，人类的生存权利是平等的。当人们的生命受到威胁时，有要求得到治疗、获取继续生存的权利，这是在几千年医疗实践中形成的人道主义传统。尊重和实现这种权利，是尊重病人人格和生存权利的表现。这个平等与救援的顺序之间如何权衡？

以医疗资源为例，是将有限的人力、物力投入到那些救治无望的、生命垂危的病人身上，还是用现有的人力、物力完成对大多数伤员相对合理的救治，而暂时放下对濒死伤员的处理呢？樱庭和典、冈本天晴（1996）在介绍阪神大地震伤员拣选工作时，指出为了使有限的医疗资源获得最大成效（即尽可能减少死亡人数），放弃对"明明没有抢救希望的伤员"的抢救，将宝贵的医疗资源留给"仅施以简易的治疗工作即可得到挽救"的轻伤员或"可治疗而拯救"的生命，体现了伤员分类拣选的伦理观。孙志刚（2005）也提出紧急抢救中面临的伤员分类拣选的伦理问题。现实中有人主张应当先救容易救援的人，这是主张效率优先的观点。新的问题是如何估计救援资源数量与救助效果之间的关系，因为较容易调配救援资源的地点，随着救援资源的增加

---

① 王真真，王新，董燕，等. 汶川特大地震遇难飞行员亲属心理危机
干预经验[J]. 中华行为医学与脑科学杂志，2009，18（3）：214-215.

救援效果不可能直线增加，也就是说随着救援资源的增加，救援效率有可能会下降。有时由于受灾地点条件的约束，救援资源使用是有限制的，那么救援资源在容易救援和较难救援的受灾地点如何分配呢？公平和效率如何权衡，合理和合情应当如何被权衡？

资源在各受灾地点分配时不得不考虑信息的影响。大型灾害发生后，就资源配置而言灾区的信息是非常不充分的，并且随着时间推移，信息会不断地被更新，在这种信息不充分的情况下又如何考虑资源的分配问题呢？

灾害发生后，对受伤人员的救治是在对伤病员进行现场伤情估计，以及对伤员伤情的实际严重程度和可能严重程度进行判断的基础上进行的。灾害伤员的分类可以使那些能从现场处理获得最大医疗效果的伤病员获得优先处理。救援人员通常有很多是来自于受灾地区，其亲属或朋友可能就是受灾待救援人员，在进行救援活动时是先救自家人还是先救需要的人，如何面对和承受由此带来的心理压力和良心谴责？

1.4.3 风险分担问题

紧急救援资源调配中充满各种各样的风险，不可预知和突发的事件随时有可能发生，其中有个别的风险是人为造成的。例如，由于信息提供者能力和情感等方面的限制，有些地区报告灾情不翔实，这就可能导致决策者对灾区伤亡损失情况的估计不准确；有些是自然环境造成的风险，例如恶劣天气、复杂地形、次生灾害等都是常见的风险因素。风险的存在和发生会极大地影响救援的效果，决策者在进行紧急救援资源调配时也面临和进行着风险的分配，这其中也包括了死亡的风险。风险分配的权力应当由谁来行使？风险应当由谁承担，风险应当依据何种原则在被救人员中分配？

1.4.4 各类人员承受的心理压力问题

灾害发生后，处于混乱、惊恐、焦虑的氛围中的灾区群众承受着巨大的心理压力，沉浸在沉重的悲痛之中。很多人将希望寄托在外界的救援力量上。这给所有参与救援活动的人员也带来了一定的心理压力和困惑。

决策者很多时候并不直接面对待救援人员及其家属，但决策者所承担的压力并不因此而有所降低。待救援人员及其家属都从自身利益出发对救援工作有着各种各样的期待，决策者并不为个别待救援人员服务，他们代表了更多受灾群体，因此需要考虑的因素更多。决策者和待救援人员及其家属之间存在明显的信息不对称，然而这种信息不对称又是不容易或者不可能消除的，因此，决策者和待救人员及其家属之间不可避免会存在矛盾，有些时候这个矛盾甚至可能会进一步深化，例如受灾人员及其家属可能会攻击决策者，"5·12"地震后就发生了个别网上热议和攻击决策者的事件，甚至有个别基层官员因无法承受巨大心理和工作压力而走向了极端。

救援人员对待救人员应一视同仁，应尽一切可能和努力，积极救治，保证待救人员的权利的充分实现。灾害发生后部分受灾人员失去了主张自己权利的能力（例如危重伤员、被困陷的人员），这些人员的权利主张是由救援人员代理的。在这种代理结构下，救援人员如何代替所有待救援人员（包括有权利主张能力和没有权利主张能力的受灾人员）主张获得救援资源、获得医疗救治和生存机会的权利？救援人员如何一视同仁又科学地区别对待待救援人员，救援人员如何面对各种误解？

紧急救治中医护人员是应当承认患者本身的主体性，告知获得同意后实施治疗救治活动呢，还是实施坚决果断，务实高效的紧急救治呢？在紧急的灾害医学救治中，没有家属可询问，时间紧迫，众多伤病员等待救治，通常不可能对重伤员普遍组织会诊，不可能进行全面的体格检查。在那种特殊的条件和环境之中，医护人员承受着不同寻常的心理压力。

无论怎么准备，法律多么完备，组织体系多么科学严密，机制多么健全，公众防灾避灾意识多么强，自救互救能力多么高，应急设施多么齐备，应急保障多么有力，预测预警和应急通讯系统多么完善发达，自然灾害所带来的伦理困境都是无法避免的。

1.5 研究意义

突然的灾难性事件会严重扰乱社会或社区正常运作,造成的人员、物资、经济和环境损失超过了社区或社会日常的承载能力。本质上讲,灾害至少在三个方面超过了正常的理解和承载能力。首先,它们的突然爆发超过了我们对时间的理解,它们不能以标准的线性时间观来被理解。"灾难是时间的崩塌,是我们感知时空的黑洞。"其次,灾害也超越了我们的应对能力;我们无法在物质、心理和社会方面完全应对灾难带来的后果。再次,灾难超越了我们的想象能力,灾难的发生和后果不是我们当下正常的心理状态可以设想的,在一个更哲学的意义上说,灾难超越了人类理性。简言之,灾难是对正常、有序的生活的无意义的突破。这就是灾难挑战伦理和法律的深层原因。道德与法律是理性基础之上为人们的日常生活构建秩序的努力,同时也为人类的选择和行为提供合理性的基础。相反,灾难需要人们立即反应,为了生存日常注重的尊重和规则变得并不重要,相对死亡而言这些规则失去了其原本的意义。灾难对我们的道德和法律、信仰提出深刻的挑战,人们所构建的各种原则不可避免地面临灾难的考验。

面对灾难带来的问题,一种可行的尝试是构建紧急救援道德原则。构建道德原则的努力是有益的努力,但构建原则存在困难。灾难发生后人们所面临的情境千差万别,构建的原则很难完备。不同的原则,不同理论或主体提出的原则之间在特定问题下反而会构成道德困境。道德原则并不能告诉人们在特定的情境下应当具体怎么做,而是指明了该做什么的范围或边界,或者为我们评价某一个行为的道德正确性提供逻辑基础。道德困境(moral dilemma)是一个两难问题,(希腊语为 δí-λημμα 意为"双重命题")之所以称其为"两难",是因为虽然有两种可能的选择,但无论哪一种选择都有利有弊,让人们处于进退维谷的困境,从帕累托(意大利经济学家、社会学家,洛桑学派的主要代表之一)开始就成为伦理哲学家关注的重要问题。伦理困境是一种情境,其中道德戒律和伦理义务相互冲突,以至于任何一个可能的解决方法在道德上都是不可以容忍的。或者说,伦理困境是任何指导性的道德准则(原理)无法确定哪个行动方向是正确的或错误的情境。

大型自然灾害紧急救援伦理决策行为研究

道德困境的关键特征是，代理人在道德上被要求去做多件事，他（她）可以做任何一件，但又不可能同时做多件事，不管如何选择，代理人注定要承担道德失败。一个著名的并且广为讨论的伦理困境的例子是让·保罗·萨特（法国哲学家）提供的。设想一个跟妈妈生活在一起的年轻人，这个年轻人是他妈妈生命的唯一快乐。但这个年轻人生活在第二次世界大战时期被占领的法国，他认为有义务去参加战斗。那个年轻人该怎么办？另一个伦理困境的例子是一个家庭的三个成员被俘虏了，三人中必须有两个人被选出来去死，否则三个人都会被杀掉。一些道德困境是因为行动后果的不确定性而带来的。每个决策的未来结果是不可预知的，或可以决定特定结果的条件尚不具备。例如，如果萨特所举的例子中的青年男子可以帮助扭转战争并且可以活着回到母亲身边，他就完全可以做决定了。

另一种途径是尊重人们心中的道德罗盘的指引，从人的具体道德决策和道德行为出发发掘具有规律性的原则，从而帮助人们应对自然灾害带来的各种问题。人们心目中都有"道德罗盘"，人们在不同的情境下有不同的道德行为，但都会遵循"道德罗盘"的指引。"道德罗盘"位于大脑中被称为右颞顶交界处的部分。它靠近大脑皮层，就在右耳后部。当人们考虑他人行为属于行为不端还是慈善之举时，大脑中的"道德罗盘"就会变得异常活跃。本研究就是遵循这一思路开展的。关于"人之初性本善"还是"人之初性本恶"的争论在古今中外争论已久，如果脱离了具体的情境来讨论这个问题是没有意义的。本研究将对置身于具体自然灾害情境中的人们进行研究，寻找影响人们做出决策的具体因素，发掘人们道德决策的行为规律。

关于道德决策行为和心理方面的研究基本上是以虚拟的道德决策情境为实验情境，让被试从列出的选项中进行选择来进行的，例如著名的电车实验。这几乎成了一种伦理决策行为研究固定的研究范式。来自不同领域的大量的研究显示决策情境对决策行为具有重要的影响。伦理决策也毫不例外地受到决策情境的影响。采用该类研究范式的必要条件是拥有设计良好的实验情境。然而当前大部分伦理决策实验情境都是针对商业组织中的伦理决策或医疗组织中的伦理决策而编制，尚没有可广泛采用的针对紧急救援的伦理决策情境。遵循这一研究范式，本书设计了大型自然灾害紧急救援伦理决策情境，并采用实验方法研究了自然灾害情境下的伦理决策行为。

然而本书也注意到虚拟的情境和真实的情境之间存在很大的差异。地震是一场上帝安排的实验，地震所创造的条件给了人们一次重新认识自己和他人的机会。本书的定性研究部分，对真实地震情境中的人们的行为进行研究，在研究数据和研究方法上都是一种新的尝试。

2 文献回顾

2.1 伦理决策过程

已经有大量的概念模型来解释伦理决策行为。其中最主要的模型有：个体与环境交互作用模型（Trevino，1986）、市场营销组织伦理决策权变模型（Ferrell 和 Gresham，1985）、Hunt 和 Vitell 的营销道德理论模型（Hunt 和 Vitell，1986）、道德强度模型（Jones，1991）等。

2.1.1 个体与环境交互作用模型

1986 年，Trevino 从个人和情境相互作用的角度探讨了影响伦理决策的个人因素和组织因素及其作用机制。2006 年又进一步对该模型进行了细化，如图 2-1 所示。

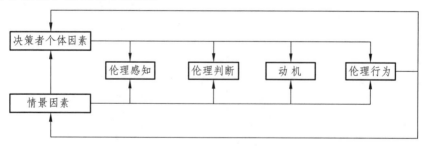

图 2-1　个体与环境交互作用模型（Trevino 等，2006）

个人因素包括自我强度（ego strength）、环境依赖程度（field dependence）、控制中心（locus of control）。组织环境因素包括直接工作环境（奖惩强化、其他压力）、组织文化（规范体系、伦理守则、有影响力的个人、服从权威、对结果承担责任）和工作性质等。在模型中，伦理感知（ethical perception）可以理解为在一定伦理情境下对伦理维度的感知；伦理判断（ethical judgement）是指个体对伦理问题的推理过程；伦理动机（ethical motives）指个体采取道德行为的承诺程度及其认为伦理价值比其他价值更重要的程度；伦理行为（ethical behavior）指个体采取的道德行为。这四个变量按照图 2-1 所示的逻辑产生作用，并都受个人和组织两类因素的影响。

2.1.2 市场营销组织伦理决策权变模型

1985 年，Ferrell 和 Gresham 在前人的研究基础上，提出了市场营销组织伦理决策权变模型，如图 2-2 所示。

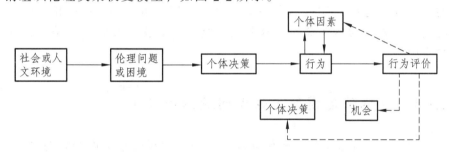

图 2-2 市场营销组织伦理决策权变模型（Ferrell 和 Gresham，1985）

该模型认为，道德问题或道德困境是从社会文化环境中产生的，应对社会、文化、行业等其他外部环境加以考虑。模型认为一个营销人员面临道德困境时，其决策会受个人的知识、价值观、态度和意图，以及当时的社会伦理规范影响，同时组织内有影响力的其他人（significant others）通过自己的行为及其与决策者之间的关系也会影响个人的伦理决策。但是，该模型没有对道德判断和道德选择加以区别，道德判断和道德选择在该模型中被视为同一阶段完成的。

2.1.3 Hunt 和 Vitell 的营销道德理论模型

1986 年，Hunt 和 Vitell 从描述性角度解释伦理决策过程，探寻影响道德判断的因素和原因，建立了市场营销伦理决策理论模型。1991年，他们又对 1986 年的模型进行了修正，扩充了环境因素的具体内容，并把情境约束因素（situational constraints）换成内容更多的行为约束因素（action control）。该理论模型认为，伦理决策过程包括道德判断、建立道德意图、道德行为发生、行为实际产生的后果评价。当营销人员面对道德困境时，各种环境因素（文化环境、行业环境和职业环境、组织环境）和个人因素（价值观、道德品质、信念体系、道德敏感程度等）共同影响营销人员确定可供选择的方案。Hunt 和 Vitell 的模型比 Ferrell 和 Gresham 的模型中多加入了职业环境和行业环境，对影响道德决策的外部影响因素考虑更加全面。该模型提出了对行为的实际后果进行评价这种反馈对个人的影响。比如影响个人的道德敏感度，从而成为个人道德经验的一部分，影响下一次的伦理决策，形成不断的循环连续过程。这提示我们某一次的伦理决策与其以往的相似伦理决策存在着极大的关联性，这种关联性通过每次的实际行为结果评价起作用。

2.1.4　道德强度模型（伦理问题六维度）

1991 年，Jones 从分析伦理问题本身特性对伦理决策的影响出发，建立了一个以道德问题为导向的组织内个人伦理决策模型，如图 2-3 所示。

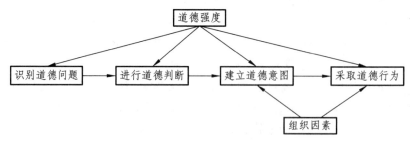

图 2-3　伦理决策道德强度模型（Jones，1991）

该模型建立在 J. R. Rest（1986）的四阶段决策模型基础上，即道德决策包括意识到道德问题、做出道德判断、建立道德意图和实施道德行为四个阶段。Jones 指出道德强度（moral intensity）对道德决策的各个阶段都有影响。道德强度是道德问题特征的总括，这六个维度分别是：① 结果大小（magnitude of consequence），即该行为可能造成的伤害或益处的总和；② 社会舆论（social consensus），即社会上对该行为是道德的还是不道德的认同程度；③ 效应可能性（probability of effect），即该行为实际上会造成伤害或益处的可能性；④ 时间即刻性（temporal immediacy），即该行为与行为结果之间的时间跨度；⑤ 亲密性（proximity），即决策者与行为的受害者或受益者在社会、文化、心理或生理上的亲密度；⑥ 效应集中性（concentration of effect），即从决策中受到伤害或得到益处的受影响人数。只有较少研究证实了上述六个维度影响的显著性，大量的研究显示只有结果大小和效应可能性两个维度显著，这两个维度的综合效应正是基于理性推理的决策（结果主义）逻辑（McMahon，2003）。这在一定意义上说明了决策者在道德判断中经常使用结果主义的逻辑。

近年来，在伦理决策研究中，道德判断（moral judgment）或道德推理（moral reasoning）是争议最大的部分之一，也是该领域的研究热点。以 J. Piaget 和 L. Kohlberg 为代表的认知学派，在道德判断理论的发展中占据着重要地位，其道德判断理论认为道德判断是认知推理过程，虽然也认为情感与认知在道德判断中不可分，但并不是道德判断的主要原因。当前关于道德判断的研究的主要争论在于基于认知的理性推理（结果主义）、直觉和情感在道德判断中的作用机制。

一些现代趋势越来越支持直觉和情感在道德判断中的作用（Haidt，2001；Nichols 和 Mallona，2006）。Haidt（2001）提出的社会直觉模型认为，道德判断由直觉和推理两个系统进行，更多的是直觉和情感的结果。该模型不再强调决策者的个人推理，而是强调社会和文化影响的重要性。神经心理学的一些研究成果证实了社会直觉模型的一些理念（Moll，2001）。当各种直觉发生冲突时，会伴随一个缓慢的、依据过去发展情形分析的道德推理。道德直觉可以理解为道德判断在意识中的突发呈现，其中包括了情感价（emotional valance，好—坏，喜欢—不喜欢），而不包括有意识地逐步搜寻、权衡证据、导出结论的推理过程。

Greene 等人试图从认知神经科学的角度说明道德判断的心理机制，他们采用功能磁共振成像（fMRI）技术在被试完成道德两难判断时，通过脑部扫描揭示了人们做出道德判断的大脑机制。在道德判断社会直觉模型的基础上，Greene 提出了道德判断的双加工理论（dual-process theory）：道德判断涉及两个不同的加工系统，一个是深思熟虑的认知推理过程，与抽象道德原则的习得和遵循有关；另一个是相对内隐的情绪动机过程，与社会适应相联系。在某些情况下，自动的情绪反应和控制的认知反应都起着重要作用，甚至是相互竞争的作用。更确切地说，功利主义的道德判断是由认知加工过程驱动的，而非功利性的道德判断则由自动的情绪反应所驱动（Greene 等，2008）。

2.2　伦理决策回避

2.2.1　决策回避概述

在社会学、心理学、决策科学和市场学等领域独立的研究发现了一些决策者不愿卷入决策或者逃避决策的现象，即他们通过推迟决策、不采取行动、或接受现状等回避决策。（例如，Baron 和 Ritov，1994；Schleger 等，2011；Dhar，1997；Dhar 和 Nowlis，1999；Lichtenstein 等，2007；Hanselmann 和 Tanner，2008；Riis 和 Schwarz，2000；Samuelson 和 Zeckhauser，1998；Ritov 和 Baron，1992；Tykocinski 等，1995）尽管很多研究都指出决策回避现象的存在，但在文献中我们很难找到关于决策回避的明确定义。相关研究都以某一类决策回避现象为对象，通过对决策过程及其影响因素的研究来探索该类决策回避现象的产生原因和作用机理。（例如，Baron 和 Ritov，1994；Schleger 等，2011；Dhar，1997；Dhar 和 Nowlis，1999；Lichtenstein 等，2007；Hanselmann 和 Tanner，2008；Riis 和 Schwarz，2000）由于每一类决策回避现象的研究都仅将视野局限在该具体现象的原因分析，从而忽视了各类现象之间的联系和其存在的普遍的一般规律。

为了系统分析决策回避现象，本研究给出一个决策回避的一般定义。决策回避是在决策过程中，尤其是在困难的决策过程中存在的，人们不愿卷入决策、避免进行选择或倾向于选择降低自身决策责任和情绪后果的策略的决策行为偏误。例如，人们通常偏好维持现状

（Samuelson 和 Zeckhauser，1998）、无行动（Ritov 和 Baron，1992；Tykocinski 等，1995）、决策拖延（Dhar，1997）和放弃类似此前的机会（Butler 和 Highhouse，2000）等来回避决策。决策回避伴随决策过程，又区别于一般意义上的决策过程。一般认为决策过程包括问题识别、信息处理、选项之间的权衡与判断以及进行选择（Mellers 等,1998）。决策回避是在决策过程中影响理性判断的偏误，决策回避的存在使理性判断偏离了理性原则。DeScioli 等（2011）甚至认为决策回避实际上是一种策略，而不仅仅是偏误。

2.2.2　常见决策回避现象

常见的决策回避现象有以下 5 种：

（1）现状偏误（status quo bias）

现状偏误指个体具有强烈的维持现状的倾向，只有当改变现状带来的获益远远大于损失时才愿意进行改变（Ritov 和 Baron，1992）。

（2）无行动偏误（omission bias）

无行动偏误是指决策者过度偏好不需要行动的策略选项（Spranca 等，1991；DeScioli 等，2011）。无行动偏误与现状偏误之间存在强的正相关，有学者预测两者源于同一原因，现状偏误也因此被认为是无行动偏误的扩展。在 Ritov 和 Baron（1992）的文献回顾中，他们发现大量文献将两者混为一谈。他们进一步分析两者的关系，发现决策者更偏好无行动偏误，而不管该决策选项是主张保持现状还是主张发生改变。

（3）选择延迟（choice deferral）

选择延迟指决策者面对问题时，决定不当时进行选择的现象（Dhar，1997）。上文提到的电影中的两位母亲的行为即属于此决策偏误。

（4）不行动惰性（inaction inertia）

不行动惰性是指决策者放弃了一个相似或更好的行动机会后，会

大型自然灾害紧急救援伦理决策行为研究

倾向于忽略当前类似或更差的机会（Tykocinski 等，1995；Butler 和 Highhouse，2000；Tykocinski 和 Pittman，2001）。

（5）禁忌回避（taboo）

禁忌回避指决策者回避将其认为的神圣价值（如，爱、荣誉、公正等）与世俗价值进行比较或权衡（Tetlock，2003）。

2.2.3　决策回避现象的产生原因及解释

（1）决策者为什么偏好现状与无行动？

现状偏误与无行动偏误经常同时出现，也常有研究混淆两者（Ritov 和 Baron，1992）。当前，通常是同时利用规范理论（Norm theory，Kahneman 和 Miller，1986）和展望理论的损失厌恶（loss aversion，Kahneman 等，1991）对两者进行解释的。规范理论指出情感是对决策结果的反应，情感会被"反常的原因"（abnormal causes）导致的结果放大，由于行动是反常的原因，所以偏离现状在心理上形成了反常原因。伦理困境给决策者提供的备选策略经常是决策者都不愿意选择或都愿意选择的，如果潜在情感会被行动放大，那么决策者也可以体会到好行动结果带来的喜悦。因此，规范理论还不足以单独解释这两个现象，需要展望理论的"损失厌恶"来进一步解释（Baron 和 Ritov，1994）。"损失厌恶"是展望理论推出的一个重要结论，在众多的文献中被实证数据证实。对损失厌恶型决策者而言，损失比等量获益产生的心理效用更大（Kahneman 等，1991；刘欢等，2009）。损失厌恶具有参照点依赖性，因为获益和损失都是与参照点相比较而言的。由此，这两个决策偏误可理解为行动带来的喜悦效用比行动带来的后悔潜在效用小，从而决策者更倾向于不行动。

与上述观点不同，Riis 和 Schwarz（2000）提出了现状偏误和无行动偏误的另一种解释，他们认为维持现状可以被视为威胁更小的选择，通过不行动可以减少决策前体验到的负面预期情绪（negative anticipatory emotions，Riis 和 Schwarz，2000）。在伦理决策中，决策带来的后果以及社会对该后果的认同程度等都可能是不确定的，这将给决策者带来负面情绪，维持现状或不行动可以降低决策者对该结果的感知责任，从而降低负面情绪对决策者的影响（Haidt，2001）。

（2）决策者为什么会选择延迟？

决策者选择推迟决策的一个原因是决策者希望通过推迟决策来避免决策选项之间的权衡比较（trade-off）。Prelec 和 Herrnstein（1991）讨论了人们避免成本——效益分析而利用稳定的规则进行道德思考的案例（Prelec，1991）。进行权衡比较需要对每个选项的属性的利弊进行分析、比较。对困难的决策进行权衡会引发负面情绪。Luce（1998）认为回避可以减少这类负面情绪，称这种情况为权衡回避（trade-off avoidance，Luce，1998）。延迟决策是回避策略的一种方法。Dhar 和 Nowlis（1999）发现选择拖延很少在两个具有吸引力的决策选项间发生，而更多地发生在两个不具吸引力的选项间（Dhar 和 Nowlis，1999）。伦理决策经常是"两害相权"，因此选择拖延发生的可能性更大。Tversky 和 Shafir（1992）的研究表明，当只有一个选项时决策者不会偏好选择延迟，然而随着选项的增加，选择延迟现象迅速增加，即使决策者觉得新选项并不比原选项更吸引人时也是如此（Tversky 和 Shafir，1992）。增加其他选项的价值，提升了决策中的冲突，也经常引发负面情绪（Luce 等，2001）。

选择延迟的另一个可能的解释是基于人的偏好不确定特点的。偏好不确定假设（preference uncertainty hypothesis）认为个体不能经常拥有清晰定义的偏好，选项吸引力的微小变化都可能增加这种不确定性。Dhar 和他的同事认为偏好的不确定性会引发决策冲突（增加权衡的困难），从而引发选择拖延（Dhar，1997；Dhar 和 Nowlis，1999）。偏好的不确定性经常在引进新选项时发生，这或许也是期望效用理论独立性公理不存在的一种证明。个体在冲突决策中有更多困难，因此会选择拖延和现状策略。道德困境决策需要决策者在不同道德准则之间进行选择，例如按照结果主义进行决策还是按照道义论进行决策，决策者选择不同的道德哲学也就选择了不同的偏好，同时这种选择是依赖情境的，因此，决策者在伦理困境下会延迟选择。

选择延迟的第三个可能的解释是决策者通过推迟决策，以期获得更好的策略选项的机会。决策者经常并不认为他们面对的选项就是其唯一可以选择的备选方案。尽管有时从理性的角度来看延迟选择会降低期望收益,但考虑到决策者在面对损失时是风险偏好的,所以他们愿意赌一把以期有可能获得更好的结果。决策者面对道德困境,希望通过扩展决策备选方案集来减少决策带来的消极影响,这是决策者应对左右为难的一种常见策略(van Harreveld 等,2004)。

(3)决策者为什么会放弃一些机会?

常见的放弃机会的偏误是不行动惰性。关于不行动惰性一般用后悔理论来解释。心理学家 Zeelenberg 认为后悔是一种基于认知的消极情感,当个体意识到或者想象出如果先前采取其他的行为将产生更好的结果时,就会产生后悔情感。预期反馈(expected feedback)被认为是产生后悔的一个重要机制,后悔理论假设被选择和没有被选择的策略选项都将被执行,(预期)执行结果会(以某种方式)反馈给决策者,决策者通过比较各策略选项的(预期)执行结果而产生(预期)后悔(Zeelenberg,1999)。决策者知道如果他们接受了现在的选择,很容易产生反事实思考(counterfactual thinking),从而产生后悔。反事实思考是想象如果采取其他策略选项将会怎样的思考过程。它既可以想象好的结果(upward counterfactual thinking)也可以想象坏的结果(downward counterfactual thinking),想象好的结果与后悔相关联(Tykocinski 等,1995)。无论是决策前的预期反馈还是决策后的反事实思考,都使得决策者放弃当前机会,以避免后悔。预期后悔还认为,考虑当前机会时通常会与过去决策相联系,过去经验可以发挥类似反事实思考的机制(Sirois,2004;Epstude 和 Roese,2008)。

这类决策回避经常出现在决策者具有相关道德困境决策经验的情况下。

(4)决策者为什么会回避禁忌?

很多人认为他们对某些神圣价值(爱、荣誉、公正)的承诺是不可动摇的。他们把该神圣价值与其他(世俗)价值的比较或权衡视为禁忌(taboo)。对禁忌回避的解释是,决策者通过不触及禁忌,可以避免由此引发的心理不适或消极情绪。Katz 及其同事的研究发现人们一旦觉察到自己的信仰之间不相容,将产生心里不适(Sirois,2004;Katz

和 Hass，1988）。Tetloc 等对回避禁忌进行了大量研究（Tetlock，2003；Tetlock 等，2000）。禁忌回避的一个例子是我国南部一些水乡的居（渔）民将从水中打捞被淹死的人的尸体视为一种禁忌。正如媒体所报道的，面对死者家属恳请其打捞尸体的请求，渔民陷入道德困境，于是提出一个高的要价并且不允许讨价还价，以这种姿态来拒绝这个请求。而 Tanner 和 Medin（2004）的研究发现人们在保护神圣价值时往往倾向于行动而不是回避。

　　与相对主义的研究一致，并没有什么禁忌是绝对的，也没有什么道德准则是绝对的，在特定的情景下道德准则之间或者神圣价值与世俗价值之间的权衡是允许被一些人尝试的。例如研究显示，尽管人们面对禁忌时会体会到道德愤怒，但当破坏神圣价值的行为在修辞上被描述为常规的或策略性的权宜之计时，他们经常会勉强接受。这意味着道德边界的不可碰触具有特殊性质：一方面它是僵硬的，触碰它将带来惩罚；另一方面它又具有宽容的柔性。

　　以上对常见的决策回避现象的原理进行了回顾和分析。值得注意的是，决策回避不是一个决策选项，而是进行决策时的一种偏误。研究文献中关于决策回避的度量方法可以证明这一观点。例如现状偏误的度量是通过决策者选择保持现状和选择其他决策选项的比较来反映的（Baron 和 Ritov，1994；Ritov 和 Baron，1992）。其他决策回避的度量也类似（Schleger 等，2011；Dhar，1997；Riis 和 Schwarz，2000；Samuelson 和 Zeckhauser，1998；Tykocinski 等，1995；Spranca 等，1991）。因此，决策回避被学者们认为是一种决策偏误现象。这意味着我们需要对决策过程和决策回避过程进行区分。

2.3　伦理决策的影响因素

　　除上述模型之外，大部分研究认为对商业决策者伦理决策行为具有影响的因素主要有两类：一类是与决策者个体有关的因素，如年龄、性别、教育程度、工作经历、控制中心（locus of control）和自我强度（ego strength）等；另一类是情境因素，如指涉群体（referent group）、组织的文化氛围、决策问题的伦理类型、行业因素等。（Ford 和 Richardson，1994；O'Fallon 和 Butterfield，2005；范丽群、周祖城、石金涛，2005；李晓明、王新超、傅小兰，2007；梅胜军，2009）

2.3.1　年龄对伦理决策的影响

早期有诸多文献实证研究个体年龄对其伦理决策过程的影响，得出的结论不尽相同。其中，有些研究认为年龄对伦理决策基本没有影响；有些研究认为，年龄和伦理决策过程之间存在负相关的关系，如 Browning 和 Zabriskie（1983）的研究表明：年轻的管理者比年长的管理者更符合伦理；而有些研究则认为两者之间的关系是正相关，如 Kelley，Ferrel 和 skinner（1990）的研究表明：年长的管理者比年轻的管理者的行为更具伦理观念。在 Jana L. Craft（2012）的文献回顾中指出 2004 至 2011 有 21 篇文献考察了性别对伦理决策过程的影响。其中 7 篇文献研究了年龄对道德判断的影响。Valentine 和 Rittenburg（2007）发现道德判断与年龄和经验相关。而 Marques 和 Azevedo-Pereira（2009）发现老年人和年轻人在道德判断方面没有显著差异。Forte（2004）发现年龄对个体的道德推理能力没有显著影响。Elango 等（2010）发现老年管理者更易受组织的伦理原则的影响，更易做出道德决策。Krambia-Kapardis 和 Zopiatis（2008）发现年龄与道德感知相关，30 岁以上的人比小于 30 岁的人更容易感知到道德问题的存在。Chang 和 Leung（2006）发现年龄对伦理决策过程没有显著影响。Eweje 和 Brunton（2010），Cagle 和 Bacus（2006）也都没有发现年龄对道德决策过程具有显著地影响。由于年龄是一个混合变量，可以反映一个人多方面的信息，例如年龄通常也意味着经验的丰富，甚至与学历也有一定的关联，所以年龄对伦理决策过程的影响仍然可能会给出不一致的结果。

2.3.2　性别对伦理决策的影响

O'Fallon 和 Butterfield（2005）的研究发现，性别是伦理决策研究中经常被研究的变量。Hegarty 和 Sims（1978）等学者先后进行过研究，但是研究结果却不尽相同。Marques 和 Azevedo-Pereira（2009）发现男性在伦理决策时比女性更严格。然而，当考虑道德强度时，女性与男性并没有显著差异（Nguyen 等，2008）。女性进行道德行为的意图常常依赖于情景等其他条件。女性在做道德决策时依赖于公正和功利主义，而男性仅仅依赖于公正，并且他们的决策受其他条件的影响较小，更具有普遍性（Beekun 等，2010）。在前面的文献回顾中，性别对伦理决策的影响并没有表现出一致性。38 篇文献中，有 10 篇认为女性比男性更讲道德（Bampton 和 Maclagan，2009；Elango 等，2010；Eweje 和 Brunton，2010；Herington 和 Weaven，2008；Krambia-Kapardis 和 Zopiatis，2008；Marta 等，2008；Nguyen 等，2008b；Oumlil 和 Balloun，2009；Sweeney 等，2010；Valentine 和 Rittenburg，2007）。与此对照，男人比女人在道德决策方面更具有连续性（Hopkins 等，2008），更严格（Marques 和 Azevedo-Pereira，2009），总体上需要更多的道德培训（Herington 和 Weaven，2008）。Valentine 和 Rittenburg（2007）发现年龄和从业经历与伦理意图正向相关，而性别不显著相关。Guidice 等（2008）发现男性更愿意误导竞争对手。其他研究发现男女之间在伦理决策上没有显著差异（Chang 和 Leung，2006；Sweeney 和 Costello，2009；Zgheib，2005）。虽然女性比男性在某些情境中更具有伦理性，但性别因素对决策制定过程的影响还有待进一步证明。

2.3.3　宗教信仰对伦理决策的影响

宗教是人类社会发展到一定历史阶段出现的一种文化现象，属于社会意识形态。信仰是人类的一种精神现象，表现为社会成员对一定观念体系的信奉和遵行。在人类历史上，宗教信仰是历史最悠久的一种信仰，是道德最古老、最深厚、最可靠的归宿，伦理是具有宗教基础的一种理论。不论信教还是不信教的人，都是对一种最高实在的信念的追求。不同的宗教又有着不同的信仰和不同的伦理观、价值观，信奉不同宗教的人的伦理观与价值观也是不尽相同的。

Bernardin（2006）指出，我们定义宗教为信仰系统，这个系统包括了上帝或超自然力量。虔诚可以定义为对上帝的信仰，伴随着这个信仰的是恪守一些上帝提出的原则体系（McDaniel 和 Burnett，1990）。Allport（1950）将宗教虔诚区分为内在的和外在的宗教虔诚。换言之，他假设个人关于宗教信仰和行为的兴趣可以来自内部激励因素（信仰满足感）或外部激励因素（物质财富等）。Cornwall 等（1986）研究了虔诚的信仰的维度，发现六个核心的和七个外围的维度。核心维度包括传统的正统（traditional orthodoxy），精神承诺（spiritual commitment），宗教行为（religious behavior），特殊主义的正统（particularistic orthodoxy），礼拜义务（church commitment），僧侣参与（religious participation）。外围维度是宗教知识（religious knowledge），宗教体验（religious experience），人际社区关系（personal community relations），个人幸福（personal well-being），婚姻幸福感（marital happiness），身体健康（physical health）和精神健康（spiritual well-being）。

尽管一些研究者认为宗教虔诚对道德态度的影响因情况而异（Saat 等，2009），高的宗教虔诚并不总是意味着高的道德价值（Rashid 和 Ibrahim，2008），以下研究者大多都证明了宗教虔诚与道德态度之间的正相关关系。宗教虔诚对人们的态度和行为都有影响（Clark 和 Dawson，1996；Weaver 和 Agle，2002）。它是影响人们价值、道德判断（Huffman，1988；Hunt 和 Vitell，1993），道德和社会责任（Ibrahim 等，2008）的因素之一。

宗教虔诚通常对伦理态度有正向影响。（Kennedy 和 Lawton，1998；Singhapakdi 等，2000；Siu 等，2000；Conroy 和 Emerson，2004；Stack 和 Kposowa，2006）。更进一步，它为社会整合和不正常行为的防止提供了一个重要的基础（Stack 和 Kposowa，2006）。宗教信仰和出席宗教活动同样与道德态度正相关（Phau 和 Kea，2007；Bloodgood 等，2008；Perrin，2000）。从固有宗教虔诚和外在宗教虔诚的分类来看，固有宗教虔诚和伦理态度正相关。内在激励的人与外在激励的人相比，更具积极伦理态度（Donahue，1985；Aydemir 等，2009）。固有宗教虔诚是伦理信仰的一个决定因素。换言之，被试对固有宗教虔诚越陌生，他们就越倾向于发现一些"问题"商业行为是错误的（Vitell 等，2005；Vitell 和 Muncy，2005；Vitel 等，2006；Vitell 等，2007）。外在激励的人利用他们的信仰而内在激励的人依赖他们的信仰（Allport 和 Ross，1967：434）。

Hegarty 和 Sims（1978）以及 McNichol 和 Zimmerer（1985）等先后对宗教与伦理决策之间的关系进行了研究，在这些研究中，有 9 篇文献研究认为宗教信仰对伦理决策过程有显著影响，有 3 篇文献则认为宗教信仰和伦理决策过程之间没有显著的关系。例如 McNichol 和 Zimmerer（1985）的研究发现，强烈的宗教信仰会对不道德的行为产生极其负面的态度。

2.3.4　道德观对伦理决策的影响

在 20 世纪 70 年代，基于个体德性系统影响伦理判断，进而影响行为的认识，一些人格和社会心理学领域的学者开始研究描述和测量个体道德思想差异的方法。有很多实证研究支持个体伦理信仰或伦理观影响他们的伦理判断和伦理决策。Forsyth（1980）提出了个体伦理观的分类工具，即 Ethics Position Questionnaire（EPQ）。这个问卷从"相对主义"和"理想主义"两个维度来度量个体的伦理观。Stead（1990）、Hunt 和 Vasquez-Parraga（1993）、Fraedrich（1993）、Mayo 和 Marks（1990）、Fraedrich 和 Ferrell（1992）和 Glenn 和 Van Loo（1993）等学者先后进行了研究，从道德哲学对伦理决策过程的影响结果来看，实证研究所得出的结论颇为一致：理想主义和义务论的道德哲学同伦理决策过程呈现正相关；而相对主义和目的论的道德哲学同和伦理决策过程呈现负相关。Barnett、Bass 和 Brown（1994）等的研究发现尽管理想主义与个体对某个情境的伦理判断显著相关，而相对主义的相关性并不显著。在另一项研究中，Barnett、Bass 和 Brown（1996）发现理想主义与对同事错误行为的伦理判断正相关，而相对主义则负相关。与此类似，Davis 等（1998）发现理想主义影响被试对有关侵犯一个雇员的隐私的小品文的反应，以及决定不揭发有关老设备散发有害化学物质的信息，而相对主义与有关性骚扰的小品文的道德判断负相关。Davis，Anderson 和 Curtis（2001）观察到大部分研究理想主义和相对主义对伦理判断的文献得出了与相对主义相比，理想主义的作用较强。一个对 285 个商学院学生的研究中，Davis 等发现在 5 个情境中，理想主义与感知到行为的非伦理程度都正相关，而相对主义仅在其中一个情境中有显著影响。

2.3.5 道德强度对伦理决策的影响

关于道德强度的影响，全面验证 6 个维度的研究并不多，大部分研究针对 6 个维度中的某一个或某几个维度进行了研究。（Barnett，2001；Butterfield，Trevino 和 Weaver，2000；Chia 和 Mee，2000；Frey 2000a；Frey 和 2000b；Marshall 和 Dewe，1997；Singhapakdi，Vitell 和 Kraft，1996）。研究运用小品文方法（vignette approach）来构建道德强度。表 2-1 列出了关于道德强度对道德判断和道德行为意图的影响的主要研究结论。

表 2-1　道德强度各维度对道德判断和道德行为意图的影响的主要研究结论

作者	研究问题	MC	PE	SC	TI	PX	CE
Jones 和 Huber，1992	道德判断	○		●	○	○	○
Decker，1994	道德判断						●
Morris 和 McDonald，1995	道德判断	◎	◎	●	◎	◎	○
Singer，1996	道德判断	●	●	●		○	○
Singhapakdi 等，1996	道德行为意图	●	●	●		○	●
Singer 和 Singer，1997	道德判断	●	◎	●	○	○	○
Singer，1998	道德判断	○	○	●		○	○
Singer，Mitchell 和 Turner，1998	道德判断	●	●	●	○	○	○
Davis，Johnson 和 Ohmer，1998	道德判断	○	○	●	○	○	
Frey，2000a	道德判断	○	○	○	○	○	○
Frey，2000a	道德行为意图	●	●	●		○	○
Frey，2000b	道德行为意图	●	●	●		○	○
Frey，2000b	道德判断	○	○	○		○	○
Chia 和 Mee，2000	道德行为意图	●	○	○		○	
Barnett，2001	道德判断	●		●	○	◎	
Barnett，2001	道德行为意图	◎		●		○	

续表

作者	研究问题	MC	PE	SC	TI	PX	CE
Tsalikis，Seaton 和 Shepherd，2001	道德判断	●					
Paolillo 和 Vitell，2002	道德行为意图	●	●	●	●	●	●
Leitsch，2004	道德判断	○	○	●	○	○	●
	道德行为意图	○	○	○	○	○	●

注：○表示所有情境检验均不显著；◎表示采用的多个情境只有部
分情境显著；●表示所有情境检验均显著；◐表示检验结果与
假设的方向相反；空白表示未检验该维度。

近年关于感知道德强度的研究一般先对道德强度的六个维度进行
因子分析，然后研究其与道德判断和道德行为意图的关系。Sheng 和
Chen（2011）将感知道德强度提取为一个因子，发现这个因子对道德
感知有显著影响，而对道德判断和道德行为意图则无显著影响。Mencl
和 May（2012）也将感知道德强度提取为一个因子，同样发现这个因
子对道德感知有显著影响，但没有研究其与伦理决策的其他环节之间
的关系。Sweeney 和 Costello（2009）将感知道德强度提取为两个因
子，分别命名为"感知潜在危害"（Perceived Potential Harm）和"感
知社会压力"（Perceived Social Pressure）。他们发现"感知潜在危害"
对道德判断和道德行为动机在部分其所采用的情境下是显著的，"感知
社会压力"对所有情境下的道德判断都显著，对道德行为动机在部分
情境下显著。

2.3.6 情绪对伦理决策的影响

日常经验告诉我们，情绪可以影响我们做出的决定，就像我们的
决定的结果能够影响我们体验的情绪。然而，关于情感、认知和决策
的复杂相互作用的系统性的实证研究还远远不够。

在决策时人们通常会产生一些情绪，其中既可能有积极情绪也可
能有消极情绪。根据情绪心理领域的研究（方平、李英武，2005；金
杨华，2004；庄锦英，2003；Mellers，Schwartz 和 Ritov，1999），消
极情绪可以分为初始消极情绪和任务消极情绪。初始消极情绪是决策

者决策前已经具有的情绪；任务消极情绪是决策者因执行决策任务而产生的消极情绪。任务消极情绪又可分为预期消极情绪和回顾消极情绪。预期消极情绪是决策前预期到策略选项的执行后果可能给决策者带来的消极情绪，如预期后悔等。回顾消极情绪则是决策被执行后，由于决策者的反事实思考等机制给其带来的情绪，例如后悔等。

大量的理论和研究文献表明情绪和情感可以深刻影响认知过程（Clore，Schwarz 和 Conway，1994；Forgas，1995；Schwarz 和 Clore，1996）。

首先，个人更有可能回忆起与当前的心情一致的信息（Bower，1981；Isen，Shalker，Clark 和 Karp，1978）。其次，个体可以使用自己对目标的情感体验作为对目标的判断，问自己："我对这个目标有什么感觉？"因为很难区分个体的初始情绪和目标带来的情绪，个人可能会更积极地评估有关的任何目标，当他们在快乐，而不是悲伤的情绪中时。

当个体意识到他们的情绪不是目标引起的时，不会发生这种情绪一致的评价，从而使他们对面临的决策缺乏信息。（Schwarz 和 Clore，1988，1996）这两种心境一致性回忆和利用人的感情作为判断的基础，可以通过影响决策情境两极性特征的可访问性和评价性来影响决策。此外，与在悲伤的情绪的个体相比，在愉快的心情下个人倾向于高估积极的可能性，并低估负面结果和事件发生的可能性（Johnson 和 Tversky，1983；Nygren，Isen，Taylor 和 Dulin，1996）。

此外，情绪状态影响个体倾向于采取的信息处理策略。有大量的实验显示个体处在幸福的情绪状态时倾向于采用启发式处理策略，其显著特点是从上到下的处理过程，与已有的知识结构相一致，而不注重可能获得的细节。相反，在低落情绪中的个体倾向于采用系统的处理策略，其显著特点是从下而上的处理过程，不过分依赖已有的知识结构，对可能获得的细节信息关注更多（Schwarz 和 Clore，1996）。这个差异在多个情景下被观察到，包括说服性信息的处理过程（Schwarz，Bless 和 Bohner，1991），应用刻板印象信息处理过程（Bodenhausen，Kramer 和 Süsser，1994），对一系列行为脚本的依赖等（Bless 等，1996）与更详细的负面情绪带来的处理模式一致，Luce，Bettman 和 Payne

（1997：384）观察到"在增加的负面情绪影响下的决策过程变得更广泛，更倾向于在一个时间里关注一个属性"。这种在处理风格上的不同反映出我们的思考过程倾向于满足当前情景的要求，这种情景也映射到我们的情绪上（Schwarz，1990）。

简单地说，平时当出了问题时我们的心情不好，当我们没有面对任何特别的问题时，感觉很好。因此，消极情感状态可能预示着目前的情况是有问题的，可能因此引起我们对显然是有问题的情况的关注。相反，积极的情感状态，可能预示着一个良好的环境，使我们能够依靠我们平时的套路和已经存在的知识结构。根据这些假设，情绪对信息处理风格的影响被消除，当情绪的信息价值通过错误属性操作被问题引发（Sinclair，Mark 和 Clore，1994），就像已经观察到的情绪在评价性判断上的影响一样（Schwarz 和 Clore，1983）。Hertel，Neuhof，Theuer 和 Kerr 扩展了这个方向上的研究，提出情绪对个体在斗鸡困境博弈中的行为的影响。与前述理论一致，他们发现个体在幸福的情绪中时倾向于做启发式模仿其他参与人的行为，而个体在沮丧的情绪中时倾向于基于他们的知识结构和对博弈的系统分析来行动。这些不同的处理策略在显著的不同的情景下导致合作或不合作的行为，从而挑战人们在积极情绪下一般增加个体的合作倾向的假设。Lerner 和 Keltner 指出几乎所有以前的研究都采用了基于两极的方法，重点完全放在正面与负面的情绪状态，常常是事不关己的积极状态或消极情绪的形式。将作为信息的感觉方法（feelings-as-information approach）扩展到特定的情绪，他们认为判断和信息处理策略可能反映出当时情绪状态的评价倾向。与这个概念一致，他们指出两个消极情绪，害怕和愤怒，可以在两个相反的方向上影响对风险的判断，害怕的个体对未来事件做出消极的判断，愤怒的个体做出乐观的判断。

Gault 和 Sabini 考察了情绪状态和对社会政策支持之间的关系。与 Lerner 和 Keltner 的设想一致，他们的研究显示愤怒倾向于支持惩罚性的政策，同情倾向于大力支持人员（改造）修复服务工作。这些结果还受到性别的影响，作者指出情绪上的性别差异可以中介政策支持上的性别差异。

最近的一些研究结果越来越支持直觉和情感在道德判断中的作用

(Haidt，2001；Nichols 和 Mallona，2006；田学红等，2011；王鹏等，2011；Rogerson 等，2011)。Greene 等人采用功能磁共振成像（fMRI）技术通过脑部扫描揭示了人们做出道德判断的大脑机制，提出了道德判断的双加工理论(dual-process theory)。并指出在某些情况下，自动的情绪反应和控制的认知反应都起着重要作用，甚至是相互竞争的作用。更确切地说，功利主义的道德判断是由认知加工过程驱动的，而非功利性的道德判断则由自动的情绪反应所驱动（Greene 等，2008）。

Moll 和 de Oliveira-Souza（2007）对病人前额皮层腹正中处（VMPFC）损伤数据的解释挑战了双加工理论。VMPFC 影响正常情绪的产生特别是社会情绪，如有损伤，将在道德困境问题中产生不合理的"功利"判断；背外侧前额叶皮层（DLPFC）或侧面的额叶皮层（FPC）影响认知推理，如有损伤，将在道德两难问题中产生不合情理的"道义"判断，但观察结果与之相反。因此，Moll 和 de Oliveira-Souza 认为道德判断只是情绪、情感反应的结果，情绪增多做出道义判断，情绪减少做出功利判断。

此外有研究表明，道德规则、情绪反应以及对损失—收益的评估对道德判断有预测作用（Nichols 和 Mallona，2006；Bartels，2008），道德评估影响做或者允许做的判断（Cushman 等，2008），行动者的目的、是否有身体接触（Greene 等，2009）、前科（Kliemann 等，2008）等都会影响道德判断。

3 紧急救援伦理决策实证研究

本章我们通过考察人们在虚构的自然灾害情境下的决策行为，检验人们在灾害情境下的伦理决策行为是否仍然服从伦理决策的一般性规律。研究发现决策情境是影响伦理决策的重要因素，它以不同的方式影响着人们的道德判断和道德行为意图。人们的道德判断和道德行为意图之间常存在不一致性，即人们有时并不选择自己认为更道德的行为。道德观和信仰在灾害情境中更多的是在影响人们的道德判断，而对道德行为意图无显著的影响。性别、年龄并不显著影响人们的道德判断和道德行为意图，可见不同性别和年龄的人在灾害情境中的道德行为具有一致性或更严格地说无显著差异。决策的情绪影响和代价显著影响人们的道德行为意图，而灾害救援问题所蕴含的不一致性和权衡努力并不显著影响人们的道德行为意图，可见道德行为意图是主客观情况共同作用的结果，但不受决策回避倾向的影响，即决策过程和决策结果之间的联系不显著。这反映出道德判断的复杂性和道德行为意图在不同人群之间的稳定性。正是因为这个特点，人们倾向于在灾害中众志成城，而在灾后评价和反思中面对众多争论。因为在灾害中人们的行为集中在救援与互助的道德行为上，而灾后人们的行为是在道德判断和评价的反思行为上。

3.1 实验情境开发

采用 Li 等（2011）所提出的方法，收集大型自然灾害的有关报道，从中抽取伦理决策情境编制小品文，请专家判断小品文是否包含伦理决策问题，控制道德强度的某个维度。Jones（1991）将小品文按该维度的强度扩展为三个版本，分别通过被试内检验和被试间检验两种方法对道德强度的操控情况进行检验。关于 Jones（1991）道德强度的六个维度请参阅 2.1.4 节。

3.1.1　是否为伦理决策的判定

对于所收集资料中的决策行为，需要判断其是否属于伦理决策。这里的伦理决策是指包含道德判断（道德推理）的决策问题。道义论认为包含了道义论命题的问题可以被视为伦理决策问题，Hare（1981）认为有三个标准可以用来识别伦理决策问题，即决策推理中包含的命题是普遍性的（universal），前提条件成立时适合于所有人（applying to everyone），是规范的（prescriptive，不是描述事实，而是直接告诉什么是该做的、什么是不该做的）。Turiel 和他的同事认为伦理决策问题关注福利、公平和正义（Wainryb 和 Turiel，1993）。也有观点认为伦理决策问题包含了对故意伤害别人的行为对错的判断（Borg，Hynes，Van Horn，Grafton 和 Sinnott-Armstrong，2006）。而 Bucciarelli（2008）认为没有一个明确简单的判据来判定一个问题是否为伦理决策问题，但尽管如此，伦理决策问题却是比较容易识别的。本书认同 Bucciarelli（2008）的观点，因为例如，Tversky 与 Kahneman（1981）年对决策的框架效应（frame effect）进行研究时利用了"亚洲疾病"（Asian disease）的情境，没有人认为这是一个伦理问题，因为如果在这个研究中考虑伦理问题，原本的框架效应将可能被重新解读。但如果改变或增加部分信息，如假设一种医疗方法对妇女的医疗效果好，而另一种医疗方法的医疗效果对男女都一样，这时大部分人都或将认为"亚洲疾病"是一个伦理决策。基于以上理由，我们通过专家的主观判断来判定一个问题是否为伦理决策问题。

我们聘请了 6 位决策科学、紧急救援领域、伦理哲学和心理学方面的专家，请其阅读提前设计好的小品文，让他们利用其专业知识来判断各个情境是否包含了伦理问题，专家一致认为小品文中均包含伦理决策问题。我们最终选择了 6 个不同的情境，每个情境主要用来测量一个道德维度，6 个情境包含了道德强度的 6 个维度。然后，对情境的叙述进行修改，使每个情境都保持在 100 ~ 150 个字，并保持叙述方式的一致性，以消除框架效应的影响。

3.1.2 情境的分析和扩展

控制每个道德维度，每个情境就可以改编为高道德强度、低道德强度两个版本和参考组情境三种情况。例如情境 1，"地震后，救援者刘某进行救援工作时，听到一个小男孩的微弱求救声，通过奋力挖掘，扒开碎石看到了这个被卡在水泥板中的小男孩，让刘某惊喜的是在小男孩的右侧的夹层中又发现了幸存者，人数确定有 3 个以上。刘某决定先救援夹层中的生还者，经过努力，这些生还者被顺利救出，而此时的小男孩由于体力不支，被救出时已经停止呼吸。"该情境为高道德强度版本，通过将该情境中"人数确定有 3 个以上"改为"有 1 名幸存者"，从而发展出低道德强度版本，而不指明生存者数量的版本成为参考组版本。这样每个情境可以发展成三个版本，共形成 18 个伦理决策情境。

3.1.3 对道德强度操控的检验

对道德强度操控的检验分别采用了被试内和被试间两种方法进行检验。聘请西南交通大学选修管理学课程的 35 名研究生作为被试。首先，我们通过口头和书面的方式向这些学生解释什么是道德强度，以及道德强度的六个维度。然后，我们向这些学生们以口头和书面的方式描述了情境中某个道德强度维度的三种控制状态的含义。接着，要求学生们将情境按照其道德强度维度和控制状态进行分类。

将其分类结果与实际操控情况进行比较，结果如表 3-1 所示。结果显示，个别人将情境的道德维度进行了错误的归类，但所有人对各维度操控水平的归类与我们的操控完全一致。

表 3-1　道德强度操控排序检验结果

道德强度的维度	与操控一致的回答	与操控不一致的回答	Sig.
MC	29	6	0.000
SC	29	6	0.000

续表

道德强度的维度	与操控一致的回答	与操控不一致的回答	Sig.
PE	31	4	0.000
TI	30	5	0.000
PX	33	2	0.000
CE	35	0	0.000

上述检测属于被试内比较，为了与一般实验一致，我们也对情境进行了被试间比较，利用道德强度感知量表（Singhapakdi 等，1996），检验被试在每一个情境下对道德强度的感知。以西南交通大学本科生和研究生为被调研对象，将问卷按道德强度高、低来分组，每组问卷选择不同被试进行测验。利用非配对样本 t 检验，对高和低两种道德强度的小品文给被试带来的道德强度感知进行检验，检验结果如表 3-2 所示。

表 3-2　道德强度操控 t 检验结果

情境编号 （控制的道德强度维度）	问卷数量 [a]	有显著差异的维度	t 值	Sig.
1（CE）	24/27	CE	-2.114	0.040
2（MC）	27/29	MC	1.746	0.087
3（TI）	30/36	MC	3.194	0.002
		TI	2.298	0.025
4（PE）	33/25	PE	2.071	0.046
5（PX）	21/30	MC	2.422	0.019
		PX	-3.143	0.003
6（SC）	26/31	SC	2.145	0.036

注：a 所在列中两个数字分别表示高强度组和低强度组被测试的人数。

采用被试内方法的操控检验显示六个道德强度的维度被成功地操控。而利用道德强度感知问卷进行的被试间操控检验结果显示，只有 CE、MC、PE、SC 被按照预期操控，在情境中改变 TI 和 PX 的同时也带来了 MC 维度的显著变化。这说明 Jones（1991）的六个维度之间并不是完全相互正交的，这种现象在商业领域伦理决策情境设计中也多次被报道。

3.2 情境的道德强度对道德判断和道德行为意图的影响

3.2.1 研究假设

根据第 2 章的文献回顾我们发现情境因素是影响伦理决策行为的一项重要因素，但在大型自然灾害紧急救援情境下伦理决策行为的研究非常缺乏，因此本研究希望检验紧急救援情境下道德强度对道德判断和道德行为意图的影响，并将被试的年龄、性别、是否有宗教信仰以及道德观作为协变量。假设如下：

H_{1a}，年龄影响个体的道德判断。

H_{1b}，年龄影响个体的道德行为意图。

H_{2a}，性别影响个体的道德判断。

H_{2b}，性别影响个体的道德行为意图。

H_{3a}，宗教信仰与否影响个体的道德判断。

H_{3b}，宗教信仰与否影响个体的道德行为意图。

H_{4a}，道德观影响个体的道德判断。

H_{4b}，道德观影响个体的道德行为意图。

H_{5a}，感知道德强度影响个体的道德判断。

H_{5b}，感知道德前度影响个体的道德行为意图。

H_6，道德判断是道德感知强度和道德行为意图的中介变量。

3.2.2 研究方法

（1）研究量表的选取

① 感知道德强度（Perceived Moral Intensity，PMI）量表

测量道德强度的量表主要有 Singhapakdi，Vitell 和 Kraft（1996）的 6 题项量表，在此基础上 Frey（2000a，2000b）提出了 12 题项量表，然后在此两者基础上 McMahon（2003）通过修正，提出了一个 12 题项的量表，并对这个量表进行了验证性因子分析，证明了该量表的信

度和效度。此外度量道德强度的方法基本上是研究者自己采用自设题项测量部分道德强度维度，例如 Barnett（2001）采用语义差异量表通过 4 个题项来测量 MC，SC，TI，PX 四个维度。但这些量表被采用得不够广泛。本书采用 McMahon 修正的 12 题项量表对道德感知强度进行测量。

②道德观（Ethics Position Questionnaire，EPQ）量表

Schlenker 和 Forsyth（1977）从道义论和目的论道德哲学出发，认为个体道德判断的差异涉及两个重要因素。第一个因素是相对主义，显示个体拒绝普适的道德准则的程度。个体在这个维度上得分越高，其在伦理判断时，更倾向于拒绝构建或依赖于普适的道德准则的可能性，相反，相对主义得分低的人相信存在绝对的、普适的道德准则。第二个因素是理想主义，个体在这个维度上得分越高，其在面对伦理决策时越倾向于寻求利他主义和人道主义，以避免对其他人造成的伤害，相反，在这个维度上得分低的个体可能会相信即使有些人会受到伤害的决策也是道德的。Schlenker 和 Forsyth（1977）认为这两个维度是独立存在的。沿着 Schlenker 和 Forsyth（1977）的思路，1980 年，Donelson Forsyth 在"伦理观分类学"论文中提出了个体伦理观的度量工具，即 EPQ 问卷。EPQ 问卷包含 20 个题项，10 个题项度量理想主义，10 个题项度量相对主义。问卷采用 9 级李克特量表，1 表示强烈不赞同，9 表示强烈赞同。后续的研究发现 EPQ 问卷还不够完善，例如采用 EPQ 问卷时，题项之间的偏相关性不够高，导致因子分析时共同度和方差解释比例偏低。尽管如此，该问卷仍然是研究道德观的最主要工具，因此，本书采用 EPQ 来度量道德观。

③道德判断

与 Sheng 和 Chen（2011）、Leitsch（2004）、May 和 Pauli（2002）等人的研究一致，本书采用一个直接问题来度量道德判断。即直接由被试对问题"故事中决策者的行为是道德的"的同意程度来度量被试的道德判断。

④道德行为意图

与 Sheng 和 Chen（2011）、Leitsch（2004）、SInghapakdi 等（1996）的研究所采用的方法相同，本书采用一个直接问题来度量道德行为意图。即直接由被试对问题"在相同的情境中，我也会作出同样的选择"

的同意程度来度量被试的道德行为意图。

(2) 研究的程序与过程控制

本书利用研究 3.1 设计的紧急救援伦理决策情境，对被试进行问卷调查。被试为西南交通大学在校学生，包括本科生、硕士、博士研究生、MBA、工程硕士学员和学校教师员工。所有被试均为自愿参加，并且完成问卷后会得到一份礼品。在发放问卷前，研究者向被试说明研究的目的和被试信息保密的承诺。根据研究目的，每个情境拟发放 40 份问卷，6 个情境每个情境有 3 种控制水平，衍生出 18 种情境，共发放问卷 720 份，回收 720 份问卷，其中有效问卷 644 份，回收有效率 89.4%。无效问卷的判断标准有两个：①对问卷中检验被试是否认真阅读了决策情境的题项回答错误，或②有超过 1/3 的题项没有作答。被试的描述性统计如表 3-3 所示。

表 3-3　被试的描述性统计

		频率	百分比/%
年龄	20 岁以下	148	23
	21~30 岁	482	74.8
	31~40 岁	8	1.2
	40 岁以上	6	0.9
总共		644	100
学历	大学在读	153	23.8
	本科	208	32.3
	硕士	266	41.3
	博士	17	2.6
总共		644	100
性别	男	265	41.1
	女	379	58.9
总共		644	100
有宗教信仰		69	10.7
无宗教信仰		574	89.1
Missing		1	0.2
总共		644	100

（3）共方法偏误的控制

研究中由于同样的数据来源或评分者，同样的测量环境，同样的决策情境以及项目本身特征可能造成共方法偏误（common method variance）。本书通过过程控制和统计控制两种方法来应对该问题（周浩、龙立荣，2004），具体而言，做了以下两个方面的工作：

① 测量量表的设计与调查实施的控制。为了保证本书所使用的量表翻译的准确性，本书首先用标准的“翻译—回译”程序对量表进行翻译：量表在翻译阶段寻求三位精通中英文的同学的帮助，请第一名同学将三个量表翻译成中文量表，然后第二名同学将中文量表回译为英文量表，然后请第三位同学比较原量表和回译后的量表，并对中文量表进行修正，以确保翻译量表的准确性。问卷在预实验之前首先在小范围内发放了 50 份问卷，并收集他们对量表中不易理解的题项的信息反馈。在此基础上，对原来的中文量表再次修正，以确保翻译量表的易理解性。

② 采用多层次数据的中介效应分析方法处理数据。与该领域的众多研究相同，本书的研究建立在 6 个决策情境上，面对同样的决策情境，被试可能表现出该研究方法带来的共变性。基于该考虑，本书采用 Preacher 和 Gil（2006）提出的计算方法，利用 SPSS 的 MIXED 过程处理研究数据，数据处理过程中考虑了由于相同的情境和相同的被试对道德判断和道德行为意图带来的共变性。

3.2.3 研究结果

首先对 PMI 量表和 EPQ 量表进行了因子分析。PMI 量表的 KMO 检验值为 0.753，Bartlett 统计量为［$\chi^2(15)= 1205.3$，$p < 0.01$］，表明该量表适合作因子分析。初始特征值显示前三个因子分别解释了变异的 40.6%、16.3%和 13.2%，本书选择提取两个因子是因为该领域的学者们普遍认为提取一个因子太少了（McMahon，2003），同时两个因子也能得到理论的支持。最后，本书采用主成分分析的方法，采用 varimax 旋转，分析保留了两个因子，这两个因子共解释了变异的 57.0%。所有的题项的初始因子载荷都大于 0.5。只有一个题项有交叉载荷，它在

一个因子上的载荷大于 0.3，而它在另外一个因子的载荷为 0.584。所有题项的共同度都大于 0.4。PMI 因子载荷矩阵如表 3-4 所示。第一个因子可以命名为"集中接近度"，第二个因子可以命名为"社会公认的潜在损失"。量表的内在一致性采用 Cronbach's alpha 来度量，两个因子的 Cronbach's alpha 值都大于 0.7，具有可接受的信度，见表 3-6。

表 3-4　感知道德强度因子分析结果

	因子 1	因子 2	共同度
PE	0.813		0.662
TI	0.721		0.586
CE	0.662		0.474
PX		0.819	0.685
MC		0.726	0.537
SC	0.362	0.584	0.472

对 EPQ 量表进行了因子分析。EPQ 量表的 KMO 检验值为 0.831，Bartlett 统计量为 $[\chi^2(190) = 3960.14，p < 0.01]$，表明该量表适合作因子分析。初始特征值大于 1 的因子分别解释了变异的 21.77%、17.78%、7.49%、5.62% 和 5.09%。本书选择提取两个因子是因为两个因子能最好地得到理论的支持，且该因子结构与其他研究的结论是一致的。本书采用主成分分析的方法，采用 varimax 旋转，分析保留了两个因子，这两个因子共解释了变异的 39.56%。所有的题项的初始因子载荷都大于 0.3，且没有交叉载荷。与其他研究的结果相似，该量表有较多题项的共同度低于 0.3，这说明该量表还有进一步完善的必要。EPQ 因子载荷矩阵如表 3-5 所示。第一个因子可以命名为"相对主义"，第二个因子可以命名为"理想主义"。量表的内在一致性采用 Cronbach's alpha 来度量，如表 3-6 所示，两个因子的 Cronbach's alpha 值都大于 0.8，具有可接受的信度。

表 3-5　道德观因子分析结果

	因子 1	因子 2	共同度
EPQ4	0.805		0.650
EPQ5	0.754		0.57

	因子 1	因子 2	共同度
EPQ3	0.753		0.588
EPQ9	0.715		0.512
EPQ2	0.713		0.51
EPQ6	0.673		0.458
EPQ10	0.548		0.302
EPQ1	0.467		0.282
EPQ8	0.399		0.175
EPQ7	0.326		0.127
EPQ14		0.717	0.519
EPQ20		0.716	0.515
EPQ19		0.67	0.451
EPQ13		0.658	0.432
EPQ12		0.639	0.408
EPQ11		0.576	0.339
EPQ17		0.528	0.286
EPQ18		0.518	0.269
EPQ15		0.508	0.259
EPQ16		0.503	0.260

各变量之间的相关系数矩阵如表 3-6 所示。

表 3-6　各变量之间的相关系数矩阵

	reli	gender	relativism	idealism	PMIS_1	PMIS_2	MJUDGE	MACTINT
reli	—							
gender	−0.009	—						
relativism_1	0.101*	0.020	0.826					
idealism_1	−0.045	−0.020	0.000	0.808				
PMIS_1	−0.046	−0.084*	−0.036	−0.141**	0.716			

续表

	reli	gender	relativism	idealism	PMIS_1	PMIS_2	MJUDGE	MACTINT
PMIS_2	−0.027	−0.101*	−0.041	−0.025	0.000	0.703		
MJUDGE	0.143**	−0.055	0.017	0.093*	−0.099*	0.038	1.753	
MACTINT	0.101*	−0.029	0.009	0.053	0.076	0.104**	0.509**	1.694

注：* $p<0.05$（2-tailed）、**$p<0.01$（2-tailed）。
对角线元素为因子的 Cronbach's Alpha 或变量的标准差。
各变量的含义为 reli—信仰、gender—性别、relativism—相对主义、idealism—理想主义、PMI_1—集中接近度、PMI_2—社会公认的潜在损失、MJUDGE—道德判断、MACTINT—道德行为意图。

　　以往的研究基本上采用多元回归的方法分别来研究各因素对道德判断和道德行为意图的影响（Sheng 和 Chen，2011；Mencl 和 May，2012；Sweeney 和 Costello，2009）。此种方法实际上忽略了一个问题，即所有数据都是在各种情境下获得的，但是如情境设计的研究所示，在某一个情境下，其道德强度的各维度并非完全正交的，并且被试的感知道德强度会针对同一个情境显示出聚集性，这种现象在研究中是较常见的。对于此类层次性数据，若直接用回归或传统的中介效应分析程序，由于其残差不符合模型假设，因此获得的统计结果将产生较大的误差。因此，不同于该领域以往的研究，本书将获得的数据作为层次性数据来处理，采用 Bauer，Preacher 和 Gil（2006）提出的计算方法，利用 SPSS 的 MIXED 过程处理数据。Model 1 和 Model 2 分别是以道德判断和道德行为意图为被解释变量，以性别、有宗教信仰与否、年龄、相对主义、理想主义、社会公认的潜在损失、集中接近度为解释变量的一般线性模型，考虑了所有解释变量的固定效应，以及截距项、社会公认的潜在损失、集中接近度的随机效应，随机效应是以情境来聚集的。Model 3 为以道德行为意图为被解释变量，以性别、有无宗教信仰、年龄、相对主义、理想主义、社会公认的潜在损失、集中接近度和道德判断为解释变量的一般线性模型，同时考虑了所有解释变量的固定效应，以及截距项、社会公认的潜在损失、集中接近度以及道德判断的随机效应，随机效应是以情境来聚集的。Model 4 是中介效应模型，将道德行为意图和道德判断同时纳入一般线性模型，以性别、有宗教信仰与否、年龄、相对主义、理想主义、社会公认的潜在损失、集中接近度为解释变量，道德判断为中介变量，集中接近度、考虑社会公认的潜在损失以及道德判断的随机效应，随机效应以情境和被试两种方式聚集。Model 4 的构建采用了以下一些变换和处理技巧。首先设立两个新变量 $S_{M_{ij}}$ 和 $S_{Y_{ij}}$，其取值为 0 或 1。然后构建被解释变量 Z_{ij}，其中，Z_{ij} 当 $S_{M_{ij}} = 1$，$S_{Y_{ij}} = 0$ 时取 MJUDGE 的值，当 $S_{M_{ij}} = 0$，$S_{Y_{ij}} = 1$ 时取 MACTINT 的值，其他变量不变。按照这种方法，将 644 个样本变为 1288 个样本。Model 4 的模型如式（3-1）所示。

$$
\begin{aligned}
Z_{ij} = {} & \beta_{1j} gender_j + \beta_{2j} RELI_j + \beta_{3j} AGE_j + \beta_{4j} relativism_{ij} + \\
& \beta_{4j} idealism_{ij} + S_{M_{ij}} (d_{Mj} + a_{1j} PMIS\text{-}1_{ij} + a_{2j} PMIS\text{-}2_{ij}) + \\
& S_{Y_{ij}} (d_{Yj} + b_j MJUDGE_{ij} + c'_{1j} PMIS\text{-}1_{ij} + c'_{2j} PMIS\text{-}2_{ij}) + e_{Z_{ij}}
\end{aligned}
\tag{3-1}
$$

当 $S_{M_{ij}} = 1$，$S_{Y_{ij}} = 0$ 时，式（1）变为

$$
\begin{aligned}
MJUDGE_{ij} = {} & d_{Mj} + \beta_{1j} gender_j + \beta_{2j} RELI_j + \beta_{3j} AGE_j + \beta_{4j} relativism_{ij} + \\
& \beta_{4j} idealism_{ij} + a_{1j} PMIS\text{-}1_{ij} + a_{2j} PMIS\text{-}2_{ij} + e_{Z_{ij}}
\end{aligned}
$$

$$
\tag{3-2}
$$

即估计解释变量对道德判断的效应。当 $S_{M_{ij}} = 0$，$S_{Y_{ij}} = 1$ 时，式（3-1）变为

$$
\begin{aligned}
MACTINT_{ij} = {} & d_{Yj} + \beta_{1j} gender_j + \beta_{2j} RELI_j + \beta_{3j} AGE_j + \beta_{4j} relativism_{ij} + \\
& \beta_{4j} idealism_{ij} + b_j MJUDGE_{ij} + c'_{1j} PMIS\text{-}1_{ij} + c'_{2j} PMIS\text{-}2_{ij} + e_{Z_{ij}}
\end{aligned}
$$

$$
\tag{3-3}
$$

即估计估计解释变量（包含了中介变量）对道德行为意图的效应。通过上述处理，可以同时估计解释变量对被解释变量和中介变量的效应。该方法的具体推导过程参见 Preacher 和 Gil（2006）。结果如表 3-7 所示。

Preacher 和 Gil（2006）进一步提供了利用 MIXED 过程计算的结果计算中介变量间接效应和总效应的公式。本书感知道德强度的两个维度对道德行为意图的间接效应、总效应的参数和检验值如表 3-8 所示。

表 3-7　MIXED 过程统计结果

解释变量	被解释变量				
	Model 1	Model 2	Model 3	Model 4	
	MJUDGE	MACTINT	MACTINT	MJUDGE	MACTINT
独立变量					
RELI	0.891896**	0.605068**	0.202535	0.482141**	
gender	0.078569	−0.011579	−0.092519	0.029794	
relativism	−0.030993	0.001477	0.012038	0.006457	
idealism	0.142029*	0.11982	0.03986	0.095786*	
控制变量					
PMI_1	0.241341*	0.264662**	0.15699*	0.148819	0.15633**
PMI_2	−0.030002	0.233252**	0.247855**	−0.044687	0.286653**
中介变量					
MJUDGE			0.499628**		0.49512**
−2 Restricted Log Likelihood	2436.632	2458.4	2273.072	4800.076	
（AIC）	2444.632	2472.4	2287.072	4824.076	
（AICC）	2444.696	2472.579	2287.251	4824.324	
（CAIC）	2466.441	2510.565	2325.225	4897.847	
（BIC）	2462.441	2503.565	2318.225	4885.847	

注：*表示 $p<0.05$；**表示 $p<0.01$。

表 3-8　PMI_1 和 PMI_2 的间接效应和总效应

	PMI_1				PMI_2			
	参数	方差	标准正态值 z	sig.	参数	方差	标准正态值 z	sig.
indirect effect	0.07337	0.00267	1.4204	NS	−0.0352	0.00327	−0.615	NS
total effect	0.2297	0.00582	3.012	$p<0.01$	0.25148	0.00681	3.0469	$p<0.01$

可见，道德强度的两个维度，即社会公认的潜在损失、集中接近度对道德行为意图的总效应是显著的，但间接效应并不显著。因此可以推断道德强度并不是感知道德强度和道德行为意图之间的中介变量，而是分别影响着这两个变量的。并且，考虑研究数据在不同情境

和不同被试中的聚集效应时，并同时估计解释变量对道德判断和道德行为意图的影响效应时，感知道德强度对道德判断并没有显著的影响，而在 model 1 中社会公认的潜在损失（PMI_1）对道德判断是显著的（$p<0.05$），这是数据在同一情境中的聚集效应的表现。这说明研究中考虑数据的集聚效应是必需的。同时，这也为人们在道德判断和道德行为（意图）之间存在不完全一致性的现象提供了一个证据。

3.3 决策回避对伦理决策行为的影响

3.3.1 研究假设

在社会学、心理学和决策学等领域独立的研究发现了一些决策者不愿涉入决策或逃避决策的现象，例如，人们通常偏好维持现状（status quo bias，Samuelson 和 Zeckhauser，1998）、无行动（omission bias，Ritov 和 Baron，1992；inaction inertia，Tykocinski 等，1995）、选择延迟（choice deferral，Dhar，1997）和放弃类似此前的机会（inaction inertia，Butler 和 Highhouse，2000）等回避决策。然而现有文献中并没有关于决策回避的概念的界定。为此本研究给出一个决策回避的定义。决策回避是在决策过程中，尤其是在困难的决策过程中存在的，人们不愿卷入决策、避免进行选择或倾向于选择降低自身决策责任和情绪后果的策略的决策行为偏误。通过 2.2 节的论述，可以知道决策回避者回避了以下四个方面的内容：

（1）回避了负面情绪（negative emotions）。在决策时人们通常会产生一些情绪，其中既可能有积极情绪也可能有消极情绪。决策者通过决策回避主要降低了消极情绪的影响。根据情绪心理领域的研究（金杨华，2004；Pfister 和 BÖhm，2008），消极情绪可以分为初始消极情绪和任务消极情绪。初始消极情绪是决策者决策前已经具有的情绪。任务消极情绪是决策者因执行决策任务而产生的消极情绪。任务消极情绪又可分为预期消极情绪和回顾消极情绪。预期消极情绪是决策前预期到策略选项的执行后果可能给决策者带来的消极情绪，如预期后悔等。回顾消极情绪则是决策被执行后，由于决策者的反事实思考等机制给其带来的情绪，例如后悔等。初始情绪是影响决策者决策（回避）的一个重要因素，但决策者通常并不能主动回避初始情绪。更常见的情况是决策者通过决策回避来减少任务情绪，如预期后悔、内疚、失望、害怕等消极情绪。Maner 和 Schmidt（2006）指出风险回避降低了决策者的焦虑，Zeelenberg 和 Pieters（2007）认为现状偏误降低了决策者的后悔。Nicolle 等人（2011）发现前脑岛（Anterior insula）、内侧前额叶皮质（mPFC）预测现状偏误，而人脑的这两个区域在情绪调节中扮演着重要的角色（Niclle 等，2011）。

（2）回避了不一致（inconsistency）。不一致可以分为态度不一致和认知不一致。两者的主要区别在于决策者的承诺程度不同（van Harreveld 等，2004）。态度之间的不一致以及态度与行为之间的不一致是认知失调理论重点研究的内容。认知失调理论认为人们会主动寻求态度之间以及态度与行为之间的一致性，从而减少心里的不适感。决策回避可以避免决策者陷入认知失调。而当人们的认知之间产生不一致时，人就会左右为难，从而产生消极情绪。人们总是试图消除认知的不一致性从而避免消极情绪。预期的不一致和感知到的不一致都会引发消极情绪，决策者希望消除不一致从而消除由此带来的消极情绪。其中回避是一种重要的不一致消除策略（van Harreveld 等，2009）。

（3）回避了权衡（trade-off）努力。在决策中人们需要对选项的属性进行权衡，有时甚至需要对不能相互替代的各属性进行权衡。Tversky 和 Kahneman（1973）认为，人在对刺激信息进行加工分类与识别的过程中会受到认知资源有限性的制约（Tversky 和 Kahneman，1973）。每一项认知活动都需要占有和消耗一定的认知资源。权衡带来了认知努力（cognitive effort），同时也带来了消极的情绪。由于对两个不具吸引力的决策选项进行权衡使得消极情绪长时间停留在人体，所以人们不愿意对其进行权衡。Svenson（2003）认为，决策可以分成四种水平，一般来说，决策水平越高，决策所需的能量资源（由心理和生理能量资源构成）就越多。由于人们想尽量少地使用能量资源，因此，在作出决策的条件不变时，人们就会尽量在低水平上作出决策，避免在高水平上作出决策。决策回避可以减少决策者的权衡努力。

（4）回避了禁忌（taboo）。禁忌提供了一种神圣价值和世俗价值进行权衡的情景，是一种特殊的权衡需要，或者是一种权衡的尝试。通过回避禁忌可以回避该类特殊权衡带来的消极情绪。Hanselmann 和 Tanner（2008）的研究将权衡分为神圣价值与世俗价值的权衡（taboo trade-off），两个神圣价值之间的权衡（tragic trade-offs）和两个世俗价值之间的权衡（routine trade-offs）。他们发现涉及神圣价值的权衡比没有涉及神圣价值的权衡倾向于引发更多的消极情绪。

目前的研究文献中关于决策回避的测量主要是用决策选项间的比较来进行识别的。例如，现状偏误是通过比较决策者选择保持现状和选择其他决策选项的比较来识别的（Ritov，Baron，1992；Baron，Ritov，1994），其他决策回避的度量也采用类似方法（Dhar，1997a，1997b；Riis，Schwarz，2000；Samuelson，Zeckhauser，1998；Spranca，Minsk，1991；Tykocinski，Pittman，1995）。这意味着一旦存在决策回避，那么决策回避效应将混合在伦理决策结果中。为此我们希望用其他方式来表达决策回避的存在和程度，本书称其为"决策回避倾向"。

因此本书假设：

H7，道德判断影响决策回避倾向。

H8，决策回避倾向影响道德行为意图。

3.3.2　研究方法

（1）研究量表的选取

本研究采用了本书 3.1 节所设计的情境作为被试的刺激材料。

关于决策回避倾向的测量，本研究自行设计了决策回避倾向量表，该量表经过初步设计和精炼过程，从 60 个备选题项中选取了 11 个题项分别度量决策回避倾向的负面情绪（negative emotions）维度、不一致性（inconsistency）维度或问题的两难性维度、权衡（trade-off）努力或认知努力（cognitive effort）的维度、决策选项的代价（cost）维度。经两轮检测显示，该量表具有较好的信度，除不一致性维度的 Cronbach's Alpha 为 0.69 外，其他每个维度的 Cronbach's Alpha 均大于 0.7，量表的因子结构与预期一致，题项之间、因子之间具有预期的结构效度。

道德判断（与上文 3.2 节对应），本书采用一个直接问题来度量道德判断，即直接由被试对问题"故事中决策者的行为是道德的"的同意程度来度量被试的道德判断。

（2）研究的方法与过程控制

本研究利用本书作者设计的紧急救援伦理决策情境下的决策回避倾向量表，对被试进行问卷调查。被试为西南交通大学选修管理学课程的 60 名学生，在发放问卷前，研究者向被试说明了研究的目的和被试信息保密的承诺。所有被试均为自愿参加，并且完成问卷后会得到课程实践环节的成绩。发放问卷 60 份，回收有效有效问卷 60 份，回收有效率为 100%。被试的描述性统计如表 3-9 所示。

表 3-9　被试者的描述性统计

		Frequency	Percent
年龄	20 岁以下	7	11.7
	21～30 岁	52	86.7
	未知	1	1.7
总共		60	100
性别	男	53	88.3
	女	7	11.7
总共		60	100

3.3.3　研究结果

首先对决策回避倾向量表进行因子分析，得到 KMO 值为 0.850，Bartlett 球形检验 $\chi^2(105)=565.185$，$p<0.001$，这说明该量表可用于因子分析。初始特征值显示前四个因子分别解释了方差的 24.573%、14.282%、12.75%、9.326%。最后，本书采用主成分分析的方法，采用 varimax 旋转，保留了四个因子，这四个因子共解释了变异的 60.931%。所有的题项的初始因子载荷都大于 0.5，详见表 3-10。

表 3-10　决策回避倾向的因子分析结果

	因子 1	因子 2	因子 3	因子 4	Cronbach's alpha
Emotion1	0.814				0.8
Emotion 2	0.772				
Emotion 3	0.749				
Cost1		0.870			0.724
Cost 2		0.748			
Cost 3		0.640			
Effort 1			0.763		0.761
Effort 2			0.609		
Effort 3			0.594		
Inconsistency 1				0.775	0.69
Inconsistency 2				0.735	

注：本节所用的分析软件为 SPSS。

根据其含义，四个因子分别命名为 F_1 决策的情绪维度、F_2 决策代价维度、F_3 决策的权衡努力维度、F_4 预期不一致性维度。

分析决策回避倾向对道德行为意图时，采用多元线性回归的方法，以道德行为意图为被解释变量纳入模型中。在此处（与 3.2 节对应）本文仍采用一个直接问题来度量道德行为意图。分析结果如表 3-11 所示。

表 3-11　决策回避倾向对道德行为意图的统计结果

模型	非标准化系数		标准系数	t	Sig.
	B	标准误差			
常量	4.600	1.135		4.052	0.000
F_1	0.110	0.052	0.281	2.115	0.039
F_2	-0.117	0.044	-0.341	-2.628	0.011
F_3	-0.077	0.060	-0.160	-1.285	0.204
F_4	0.057	0.065	0.110	0.868	0.389

注：因变量：道德行为意图。

上述结果表明，因子 1、因子 2 对道德行为意图有显著的影响（置信水平为 0.05），且因子 1 是正向影响，因子 2 是负向影响。这说明决策情绪对道德行为有正向的影响作用，决策代价对道德行为有负向影响作用。

分析道德判断对决策回避倾向的影响时，仍采用多元线性回归的方法，以道德判断为解释变量，以决策回避倾向为被解释变量纳入模型中。统计结果如表 3-12 所示。

表 3-12　道德判断对决策回避倾向的统计结果

	F_1		F_2		F_3		F_4	
	t	Sig.	t	Sig.	t	Sig.	t	Sig.
道德判断	-1.437	0.156	-1.839	0.071	-1.413	0.163	-0.947	0.348

注：因变量为 F_1、F_2、F_3、F_4。

由表 3-12 可知，道德判断对决策回避倾向无显著影响（取置信水平为 0.05）。这说明在道德判断和道德回避倾向间会出现不完全一致的情况。

3.4　小结

通过上述 3.2 和 3.3 节的研究可以发现，紧急救援情境中的伦理决策行为与其他情境中的伦理决策行为相比有众多特殊性。首先，在该类情境中道德判断和道德行为意图在各种人群中具有较大的一致性。性别、年龄均不显著影响人们的道德判断和道德行为意图，宗教信仰和个人道德观也仅影响人们的道德判断，而对道德行为意图无显著的影响。其次，情境因素分别影响着个体的道德判断和道德行为意图，道德判断并非情境因素与道德行为意图的中介变量。对个体而言，道德判断和道德行为意图之间并非总是一致的。人们似乎有特定的道德行为倾向，而不管道德判断是否认为该行为道德。再者，道德判断并不显著影响人们的决策回避倾向。这与常规情境下的道德行为有显著的不同。更进一步，回避倾向的情绪维度和代价维度显著影响道德行为意图，而预期不一致和权衡努力均对道德行为意图无显著影响。这可能是情境氛围带来的初始情绪的影响超过了任务情绪的影响所致。

4 紧急救援伦理决策质性研究

4.1 引言

  地震是一场灾难，然而在大灾之中我们看到了人性的闪光点。地震是一场上帝安排的实验，地震所创造的条件给了人们一次重新认识自己和他人的机会。地震之后，山谷崩塌、家园毁坏、死伤遍地、通讯中断、道路中断、生命线中断、次生灾害频发，惊恐、悲痛、无奈、焦急、疲惫的人们展现了人间大爱。在地震灾难刚刚发生时，紧急救援所体现出来的是利他主义的精神，例如人们在极端危急的情况下不忘提醒和协助其他人逃生，人们冒着极大的风险去搜救亲人、朋友、邻居，甚至包括那些素昧平生的人，以及生活里有矛盾的"仇人"，人们在自救的过程中无私的奉献，奉献的不仅仅是自己的财物，还有自己的劳动、时间和爱。然而地震过后三四天的时间，撒旦重新回到了这个世界，自私像一个幽灵一样回到了受灾人员的心中，各种丑陋的现象开始出现，懒惰、自私、偷盗、抢夺等任何人都不愿意看到的现象发生了，从此再也回不到三天之前的人们的关系和状态了。

  关于伦理决策的研究中，实验是一种常见的研究方法，但实验条件很难创造诸如地震这样巨大灾难所带来的情境。本研究采用定性的研究方法，通过对汶川地震灾区人员的访谈和调研收集资料，运用扎根理论的方法对地震紧急救援阶段人们的决策行为的定性资料进行分析，寻找紧急救援伦理决策行为的逻辑。并与第 3 章互相补充，最终形成对紧急救援伦理决策行为的深刻认识，同时为第 5 章提出紧急救援伦理决策行为模型奠定基础。

4.2 研究方法

4.2.1 质性研究方法

　　针对目前关于伦理决策研究的不足，本研究使用质性研究方法探索地震中人们的伦理决策过程及其影响因素。在整个质性研究的实施中，采用深度访谈等方法收集资料，运用扎根理论分析方法，并借助ATLAS.ti质性分析软件进行质性资料的分析和理论的建构。

　　质性研究是以研究者本人作为研究工具，在自然情境下采用多种资料收集方法对社会现象进行整体性研究，使用归纳法分析资料并形成理论，通过与研究对象互动对其行为和意义建构获得解释性理解的一种活动（陈向明，2000）。本书采用基于扎根理论的质性研究方法。扎根理论研究方法最早是由 Glaser 和 Strauss（1967）提出来的，它是一种著名的建构理论的方法。所谓扎根理论，就是基于数据进行归纳而得到的理论。它区别于我们平时所说的理论，即那些建立在某一个假设前提上，通过逻辑推理获得的理论。扎根理论又分为具体理论和正式理论。具体理论是直接由数据获得的理论。正式理论是在具体理论的基础上，进行了抽象和推广的理论。根据 Glaser 和 Strauss（1967）的观点，扎根理论的提出是为了弥补理论和数据之间的差距。一般而言，我们的研究是希望达到理论与数据之间的一致性，从而验证先前的理论。最终的结果是这些理论得到了验证或者没得到验证。当没有得到验证时我们常常怀疑数据的收集和处理是否存在问题。但是我们也可以从另外一个方向进行思考，即直接从数据中提炼出扎根理论，这时数据与理论之间是相互契合的，我们可以通过对这些理论进行抽象和提炼使其更为一般化，从而达到理论构建的目的。扎根理论方法的最大贡献之一，就在于确定了质性研究的标准化操作程序。Strauss 和 Corbin（1990）明确提出了扎根理论研究方法的具体操作程序：首先，研究者需要通过对研究对象的访谈、观察或记录来收集资料；然后，对收集整理后的访谈录音、观察日志或文本资料进行编码，即把资料进行分解、提取和概念化；最后，对概念以一个全新的方式进行重组，以达到建构理论的目的。可见扎根理论研究方法提出了与传统的实证研究不同的研究范式，两者所基于的研究哲学也不同。

在应用扎根理论进行理论建构时，一般认为是在理论空白的情况下，研究者通过对所掌握的资料的深入分析来逐步归纳出理论模型。但在应用中，很多问题的研究并不是完全理论空白的，如何利用现有的理论而不违反扎根理论的本质基础是我们在研究中考虑的一个问题。在这方面我们借鉴了其他学者的一些做法，以全新的眼光来分析质性资料，完全根据资料来进行编码，在构建了理论框架之后，将本书所提出的理论框架与现有理论进行了详细的对比研究，并随时返回到对原始文本和编码的分析，从而保证了实施扎根理论过程的准确性，也最大限度地利用了现有的研究成果（贾旭东，2013；张蒙萌等，2013；李燕萍等，2010）。同时，本书采用了不同研究者分别完成理论构建全过程，然后再对研究成果进行综合，从而提高了研究的效度（validity）和确认性（confirmability）。

由于研究内容的特殊性，受访者容易因为话题过于敏感或者涉及隐私而产生评价忧虑和社会期许效应，使访谈内容难以深入下去。本研究通过以下三项措施消除该方面的影响（Podsakoff 等，2003）：①向受访者承诺研究中涉及他们姓名等个人隐私的信息都将被隐去或做匿名处理；②告知受访者访谈中的每一个问题都无标准答案，亦无对错之分，研究者也不会对受访者的回答作出任何是非对错的评价；③在正式访谈开始之前，研究者都会在知情同意书上签名并按手印，以生成法律效力。

在分析人们的行为意图或动机时，希望了解人们行为的最终目的是什么。根据 Batson 的观点，有四个原则用于指导分析人们最终的目标。我们不能仅仅依赖于自我报告，因为人们有时甚至自己也不清楚自己的真实最终目标是什么，或者他们不会报告其真实的目标。我们不能直接观察行为意图的最终目标，只能从行为中推断这些目标。如果一个行为可以有两个潜在的可能的最终目标，那么最终目标是无法确定的。如果我们改变情境，使得这个行为不是这种情境下达到特定目标的最好惯例，我们仍然观察到这种行为，那么这种目标不是最终的目标。

因此，我们按照三个维度对访谈记录进行编码：①认知维度，关注访谈对象对其所处环境和所面临问题的感知、判断和评价等；②情绪维度关注访谈对象在整个事件中的感觉和情绪反应；③行为维度，关注他们的利他行为和决策行为。

我们根据人们回顾的行为以及他们对行为的动机，别人的行为以及推测的动机进行分析，从中推测一个人的动机。动机可以通过一个目标相关的念头在记忆中可达的程度来测量。一个动机越强，个体就越可能记忆、注意、识别与目标相关的概念、目标或与目标相关的人。动机可以通过与目标相矛盾的念头的阻止程度来测量。当干扰目标的欲望出现时，追求目标的动机可以通过阻止相矛盾的目标的出现来进行。动机可以通过目标相关的对象被评价为积极的程度来推测，可以通过评价个体实现目标时的主观体验来度量。动机可以通过感知误差来度量，例如对追求目标可能会被放大。动机可以通过投入一个行为的速度来度量。动机可以用表现水平来度量。动机的方向可以通过个体在选项之间的选择来度量。若有多个选项，这个人是如何选择的？在推测时，我们注意到对于非常规的行为，若没有认知推理过程，应激性的行为，那么就有理由相信这个行为的动机与推测这个行为的动机是一致的。

4.2.2　数据的收集

采用深度访谈法对经历了汶川地震或芦山地震的受访人员进行访谈，访谈的内容是其在地震中的经历，在访谈中不断将受访者的谈话引向我们关注的重点即有没有遇到涉及伦理的问题，遇到问题后是如何考虑的（心理过程），做出了什么决定（道德决策），采取了什么行动（道德行为），是什么因素影响了自己的决定或者行动（影响因素）。最初的主要受访者来自于汶川地震的一个受灾严重的区域——什邡市红白镇某村的村民和参与了紧急救援工作的志愿者。汶川地震也称为"5·12"汶川地震或"四川大地震"，发生于北京时间（UTC+8）2008年5月12日（星期一）14时28分04秒，震中位于中华人民共和国四川省阿坝藏族羌族自治州汶川县映秀镇与漩口镇交界处。根据我国地震局的数据，此次地震的面波震级达8.0Ms、矩震级达8.3Mw（根据美国地质调查局的数据，矩震级为7.9Mw），地震烈度达到11度。"5·12"

汶川地震严重破坏地区超过 10 万平方千米，其中，极重灾区共 10 个县（市），较重灾区共 41 个县（市），一般灾区共 186 个县（市）。截至 2008 年 9 月 18 日 12 时，"5·12"汶川地震共造成 69 227 人死亡，374 643 人受伤，17 923 人失踪，是中华人民共和国成立以来破坏力最大的地震，也是唐山大地震后伤亡最严重的一次地震。红白镇是四川省在汶川地震中受灾最为严重的区域之一。汶川地震导致红白镇 6707 名群众受灾，918 人死亡，4189 人受伤，233 人失踪。6 个煤矿企业、2 个石灰矿、3 个磷矿，因地震带来的山体滑坡导致无法开采；水电站 13 座、水泥厂 1 个因地震损失惨重；山区红阳猕猴桃、红白茶种植基地及冷水鱼、獭兔种养殖基地被毁；由成都万贯集团投资 1 亿余元开发的西部惊奇欢乐谷景区已成为废墟，宏达集团投资开发的蓥华山景区的观光缆车一、二期工程及河道整治、步行商业街等基础设施建设报废，辖区内 13 座避暑休闲山庄被毁，78 家由当地群众投资兴建农家乐成为一片废墟，但氏豆腐、红白茶厂等旅游产品生产基地损失惨重；4 座桥梁、7 千米铁路、32 千米公路、15 处群众饮用水集中供应点被毁，98%以上房屋倒塌，共计 19 269 间。[1]在受访者中有 11 名地震幸存者是红白镇居（村）民。他们来自于同一个地方，彼此之间的经历相互可以印证，从而可以形成证据三角形，有利于我们发现访谈内容中不一致的地方并可以及时核实并消除不准确的信息。另外有 8 名参加紧急救援的志愿者和军人，其中有 3 人来自于四川，其他人来自于其他省份。志愿者是民间自发组织的，在地震中充当政府和部队、武警等救援力量的补充。另外有 1 名医生和 1 名护士来自于成都市某医院急救中心。所有受访者的基本信息见表 4-1。

　　不同时间的访谈是在茶馆或借用的会议室进行的。所有的受访者都在知情同意书上签字同意参与本研究。正式的面对面深度访谈一般会持续 60～110 分钟。访谈过程进行了录音以便后续研究。每次访谈结束之后受访者会收到现金或礼品形式的酬谢，并会接受专门的心理咨询人员的心理咨询，尽量确保不会因为访谈而影响受访者的心理健康。

---

　　① 来自百度百科，http://baike. baidu.com/item/红白镇/6935408？fr=aladdin.

表 4-1　受访者基本信息一览表

编号	性别	年龄	地震救援时的职务
1	男	45	村长
2	男	61	村民
3	女	42	粮食局官员
4	男	40	派出所警官
5	男	42	村民
6	男	30	村长助理
7	男	36	乡村医生
8	男	46	村会计
9	女	27	村民
10	女	59	村民
11	男	37	镇干部
12	女	39	四川省内志愿者
13	男	57	四川省外志愿者
14	男	32	四川省外志愿者
15	男	32	四川省外志愿者
16	男	56	四川省内志愿者
17	男	23	四川省外志愿者
18	男	30	四川省外志愿者
19	男	26	四川省内志愿者
20	男	46	成都某医院医生
21	女	28	成都某医院护士

　　这些录音转录为文本文件作为主要的数据来源。在访谈数据的分析中，受访者被要求澄清采访中记录的一些细节。我们验证了信息的准确性，受访者叙述内部逻辑的一致性，和不同的人叙述同一事件时的内部一致性。地震后通讯中断，不同受灾点和政府之间传递信息是靠人来传递的，访谈者中有担任信息传递工作的人员，他们所介绍的信息是各个村组的整体信息，这个信息和个人提供的局部信息共同构成了不同层次的信息，这些信息之间是一致的。虽然这一过程并不能

绝对保证信息的准确性，例如由于集体认知偏差的存在，大家可能会以相同的方式来扭曲对同一件事情的回忆，但经过这一手段，我们澄清了信息的灰色地带，使信息更加可信。本书的作者在汶川地震期间曾向什邡市等地震灾区捐赠过食品并进行过多次调研，震后曾为受灾地区道路的恢复重建做过服务工作，因此对地震灾区的情况比较了解，也更方便接触到地震灾区的相关人员。从地震灾害开始，研究小组就做了坚持不懈的观察，获得了人们行为的丰富细节信息。这些积累的记录和数据在本研究的分析中都被用作了辅助资料。

4.2.3　数据的分析过程

对地震灾区的关注使笔者了解到地震灾区人民自救活动的情况。自救是地震发生后紧急救援的主要形式，据报道，地震发生 4 天后，有 27 560 名被困人员被救出，其中大部分是通过灾区人民自救的方式救援出来的。在最开始，我们的研究问题是"人们在自救时是怎样进行决策的？"笔者带领着研究助理对 11 名地震灾区的村民和村官进行了深度访谈。访谈录音转录成文字后借助质性分析软件 ATLIS.ti 进行了扎根理论分析（Strauss 和 Corbin，1998）。首先，笔者和研究助理分别独立地对访谈文本进行逐行的开放性编码。然后研究团队评价每个人的编码系统，并进行讨论直到大家达成一致的意见。然后对开放性编码进行了归类，初步抽象总结出主要的类别。

表 4-2　访谈文本开放性编码示例

部分原始访谈资料	开放性编码		
	现象摘要	编码	范畴化
基本上当地人都认识，都熟悉，没有什么特别好的。	当地人熟悉 没有特殊关系	关系（远近）	影响因素（条件）
有一个孩子十三四岁，脚被一个钢筋插着，身上预制板也压着，父母说脚弄断都无所谓，只要把命保住，后来想了无数方法，用钢筋把预制板撬开，救出来后还是死了，肝脏破裂，内出血死了。	脚被钢筋插着，身上被预制板压着 想尽办法撬开预制板 救出后内出血而死	情况（紧急性） 努力尝试 结果	决策过程

部分原始访谈资料	开放性编码		
	现象摘要	编码	范畴化
那几天救人的心是让我印象很深刻的,过程中是太感人了,就算我们之前有矛盾,都把隔阂消除,当成是一个人一家人,不分彼此,你的事就是我的事。	印象深刻 感人 矛盾被消除 团结一致	影响人们的关系	决策
放弃?没有谁说要放弃,救人没有谁说放弃不放弃的,哪怕是个尸体都要挖出来。这个不为难,再难都要挖出来。	放弃 挖尸体 对我来说不为难	行为(放弃)	行为

　　在研究的早期阶段,我们发现人们在心理和行为方面表现出了差异,一些人看上去更加利他而另一些人看上去更为利己。而这些行为动机都与他们的决策相关联,人们的行为似乎与其距地震灾区的距离有关联。这促使我们修正了我们的研究问题,调整为"是什么影响了人们的决策和行为?"基于前面研究的主要类别我们进一步扩大了受访者的范围。受访者包括普通农民、村干部、镇干部、乡村医生、派出所警察和志愿者等。受访者的来源包括了某村、红白镇、什邡市、都江堰市、成都市、雅安市和四川省外的一些区域,使得受访者在地震发生时距离地震中心区域形成一个距离梯度。进一步收集了地震发生时他们紧急逃生和开展救援的活动和心理过程。这些数据连同原数据一同进行了分析。

　　渐渐研究的核心类别开始显现,编码系统形成了围绕三个主要维度展开的结构,这三个维度分别是:① 认知维度,包括受访者的认知、分析、判断和对地震时(后)周边情境的评估等;② 情绪维度,包括受访者的感受、情绪反应等;③ 行为维度,包括他们的决策过程、行为和决策的后果等。随着研究的进展,我们注意到人们的伦理决策和行为会随着情境而变化,我们进一步又增加了访谈对象,并对已有的受访者补充了更多的问题。此时,受访者就包括了地震后进入灾区的人员(家在灾区,地震发生时在外地)和地震后逃离灾区的人员,也增加已经拥有地震经验的受访者。通过详细地分析人们的伦理决策行为,我们发现可以根据情境将这些行为归类为三个类别。第一类是地震发生时人们在紧急逃生时的伦理决策行为，第二类是受到地震冲击后人们的伦理决策行为，第三类是人们从地震冲击中恢复后（或者没有受到地震冲击）的伦理决策行为。

笔者与康奈尔大学两位该领域（心理学和决策科学）的教授就上述分析和发现进行了讨论，在他们的建议下对个别编码进行了完善。

最后，我们对数据和我们得到的结论进行了彻底的归纳分析也进行了演绎分析来形成扎根理论，检验其与其他相关理论对访谈数据的解释能力。至此，新数据没有改变数据编码的结构，也没有增加新的数据类别。所以根据 Glaser 和 Strauss 等的观点，本研究在此主题下已经达到了理论饱和。值得一提的是虽然上述过程是以一种多个阶段顺序的方式进行介绍的，但在实际的研究过程中各种分析之间循环往复是经常发生的事，特别是定义了新的概念之后更是如此。

4.3 研究发现

4.3.1 地震冲击（Earthquake Shock）状态分析

我们发现地震后震中区域的人在一定的时间段里的表现与其他区域的人和这些人在其他时段的表现非常不同。由于他们都经历了强地震，故我们将这些人所处的这种独特的状态称为地震冲击状态（Earthquake Shock）。Earthquake Shock 是我们自己起的一个名字，用以描述经历突如其来的地震后的一种状态，包括环境状态，处于其中的人的情绪状态、认知状态、身体状态等。接下来我们来描述这种状态。

首先是环境状态，在强地震发生时及以后的一段时间里，人们面临的外部生存环境进入到一种陌生的新的状态之中，表现为自然环境发生巨大变化，高危险性、高风险性、隔绝性、快速动态演化性的危急状态。例如在描述地震发生的情景时，（P1）"……出来之后，我就在院坝里面，等了一会，可能有十到二十秒，就看见那真是天崩地裂，说实话，这辈子我们遇上了。灰尘大的看不到，到处都在响……"（P2）"……就地震了，那天简直太吓人了，地动山摇的，地下一直传来轰隆隆的响声，我那房子看着就倒下来了……"（P3）"……那时候完全像是用筛子在筛豆子，看着地下都裂开口子，很宽，还从下面冒气体出来。看着很宽，但慢慢震着就变窄了，最后余震又把裂开的口子震合拢，一天有时候有上百次余震。……"（P4）"……当时跑出去的时候房子也垮了，墙也垮了，铁门也倒了……地震灰尘又大，烟雾又大，什么都看不到，隔了几十秒钟差不多一分钟的样子，平静下来后，就看到房子都倒了，什么都倒了。没想到地震这么厉害，从来也没遇到过，当时这个房子还很新的，也都倒了。"（P8）"……一听到那个响声我就跑到外面去了，我第一反应就是地震，因为我觉得根本就没有大爆破能产生那么大的响声。响声还没完我就跑大路上去了，路的对面有一个（条）沟，我就顺着沟上去，左手边的那个山轰一声就把那个沟填满了，回去的路都看不到了，就听到到处都是山垮的声音，……"伴随着自然环境的巨变，是巨大的经济损失和人员伤亡。在突然遇到这种情况时，人们对这种情境是陌生的，缺乏相应的知识。人们处于恐惧之中，面对危险的情境，哭喊和求救声不绝于耳。例如，（P1）"……地里面的那些老百姓都在叫，全部都在叫。"（P2）"……整个队有木头房子、砖瓦房子，那时候办公室和学校是花了七八十万修建的，那几十秒钟全部都倒塌了，那时候太惨了，到处都是嚎声大哭的。我当时看着房子倒了，就喊妈呀妈，你在哪儿……我们整个队死了19个，我们这一大家子中我们大哥死了，我们大侄儿开车的也死了，我们堂兄弟也遇难了，我们一个兄弟媳妇在金河煤矿带孩子，结果家属区房子塌了，压在里面死了。一共四五个。我们2队，山上滚石头砸死了不少。当时真的是太惨了。"（P4）"……没想到地震这么厉害，从来也没遇到过，当时这个房子还很新的，也都倒了。当时那个场景就是房子都垮完了，到处在喊救命。……抱出来那么多人，到了晚上就只有几个人还活着，其他的全部都死了。有些脑袋被砸了，有些挂在树枝上。红白中学操场上有树，三楼倒了，很多学生就挂在树上了。好多受伤的，有的被预制板压着救不出来，……当时地震后余震随时会来，房子随时会倒，……"（P8）"……在沟那头的人都没逃出来就被山给压住了……"同时，这些人也面临一个与外界隔绝的状态，通信系统完全处于崩溃状态，道路也完全被毁损。（P4）"……过了一段时间部队才来，当时进出红白路全部都断了，电话也打不通，当时场面特别惨烈。……"（P5）"……因为我们山上，地震过后电啥都没有了，就通讯啥都不清楚，……随时有余震，随时那些山都在垮，因为我们那些山陡峭，到处垮，垮得凶得很，到处路都断完了，根本过不了。"（P6）"……因为我们这里的通信信息全部中断，我和另一名同事就去通报信息。当时我们就向什邡走，走到山弯遇到一个本地人，我们就让他给我们带路，因为路都断了，我们也不知道怎么走。……"（P7）"……当时是打座机不通，手机不通，打任何电话都不通。……"（P9）"……因为下雨嘛，全部是走的那个沟，坡度起码有六七十度，脚都伸不直，穿了一双板鞋滑的很，我们是走一步滑一步，脚底下也踩不稳，也没有抓的，因为垮了之后也没有大的建筑，全部是草丛，最后，没办法我就用手去抓泥巴，我是爬着回去的，……"（P10）"我 15 号出来之后听别人说的当天晚上有个部队来救援，但是没有机械，我们走了之后可能就是本地人和学生家长来救援的，由于道路不通嘛，很多孩子被挖出来以后就死了，我们这个大家族遇难的人大概有十个，有我们妹弟、我们二爸、二婶、二爸的大女儿、小孃、大孃、三爸、幺爸等，我们那个组没有死亡的家庭一共有三户，我们家就是一户，因为我们没在村里住所以才幸免。"（P1）"要到道路打通了，外面的救援人员才能赶到。5 月 16 号，救援人员才到，都隔了四天了。他是进来了解情况，了解完了就去下一个地方去了。"（P2）"我说了的，最开始是没有部队的，大概第三天部队就进来了，我背我老丈母娘出来的时候，部队就到红白镇了。"

　　其次是处在上述环境中的人的状态。在经历了逃生之后，人们面对上述的环境，进入了一种特殊的身心状态，表现为身体的疲惫、心理的紧张，复杂的情绪、简单的认知和思维过程。（P1）"那个场面真是让人害怕，一切都没得。所以说那时还是很幸运的。……一个字，惨。就是只能用这一个字，惨。唉……心里想肯定完了。"（P6）"……当时人很乱，特别乱，就想着救人嘛，当时到处都是人。……印象特别深的事，就是你往路上一走，脚下踩的都是死人，胳膊、腿到处都是，就是特别吓人。"很多人是从发懵的状态中缓过神来的。（P2）"那天简直太吓人了，……那时候脑子都懵了，什么都不知道了。死了也算了，只有这样了，活着就活着。"（P4）"当时地震后余震随时会来，房子随时会倒，都没想到这些，只想到把人救出来，没想过其他的东西。"（P5）"……这下子心头焦呢，就焦底下的人嘛……那种看着也恼火，在山上都还觉得还好，出来就眼泪直往下流，……"

在其他关于灾害的报道中我们还没有发现关于这种状态的明确报道。这个状态的持续时间随着周边损失的严重程度和其他信息的更新速度而不同。损失小，信息更新速度快，则这种状态维持的时间短，甚至可能根本就不出现。

4.3.2　地震时紧急避险中的伦理决策行为

地震时紧急避险中的伦理决策行为表现为没有思考过程或者说没有决策过程的利他行为。在地震紧急避险过程中，几乎观察不到人们进行伦理决策的过程，但我们观察到了普遍存在且非常一致的道德行为即利他行为，那就是人们在发现地震发生或危险来临时，会发出警告信息，引起其他人的注意，加速其他人的避险反应，从而帮助其他人逃离危险。例如，（P3）"二楼的工作人员在和我一起找东西，他都没反应过来，他没经历过，我说地震了，他说不可能，我说就是，然后喊他快跑，准备跑的时候突然想起领导还没走，他就在我斜对面的一个办公室，我就去办公室喊他，喊他但是没有人，我就以为他在厕所，去厕所找也没有人，我就马上回来，然后第二轮就开始摇，摇的非常厉害，我就喊那个工作人员赶紧先跑。"（P4）"当时我们在值班室五个人，我发现地震的时候他们都还在睡觉，只有我在玩手机，电话都给我摇到地上了，我就喊他们快跑。"

这种现象并不是个别的现象。在地震发生时，所有与别人在一起，意识到地震发生时的那一刻几乎都发出了"地震了""快跑"这样的警告信息。这种警告、提醒是一种利他行为，可以增加他人的生存机会。因为，在紧急关头，反应速度往往决定了能否成功脱险。在警告提醒的同时，还可能有协助的行为。例如，（P4）"老大跟我在一个床上休息，他躺着的，我坐着的，我就喊他快跑，他年龄大点，动作就没那快，还在那边穿鞋子，我就说不要鞋子了，就把他拉出去，房子就垮了。"

帮助他人逃生的行为提高了他人的生存机会，却可能降低自己的生存机会，或者说没有这个行为，自身的生存机会可能会更大。因为虽然警告行为和逃生行为可以同时发生，但警告行为还常常伴随有其他协助行为，这都可能降低帮助者的逃生速度，减少其生存几率。

这种道德行为没有太多认知思考过程的参与。这个行为是瞬间发生的，也就是说在个体判断灾害发生时，几乎同时就发生了这种利他行为。另外，个体所面临的这个情境对其而言是一个相对陌生的情境，个体没有关于这个情境的足够的信息和知识。因此，在这个过程中不太可能有深入的思考过程，而这种思考过程往往是人们计算得失的必要的思维过程。这种现象发生时，没有证据表明必须要有同情和内疚等情绪诱导。诚然，个体遇到上述情境时会极度兴奋，因为这样可以提高个体的反应速度。但这并没有说明个体当时拥有上述情绪。因为这些情绪是自我意识情绪（self-conscious emotion），在这种情况下，不具备产生这种情绪的条件。虽然对于有经验的人，他们可以马上意识到地震的发生或者危险的来临，但这种利他行为并不是因为经验而带来的行为。因为大多数表现出了警告和提醒行为的人都没有地震方面的经验，因此，这不是习得的行为。综合这三个方面的因素，我们更加相信这是人类的一种自发行为。

这些行为发生的情境特点是突发性、危险性、紧迫性、陌生性等。地震突如其来，外界环境发生了剧烈的破坏性的变化，（P4）"房子在摇，地也在摇。"（P2）"当时地下轰隆隆地响。"对很多人来说，这种变化是陌生的，后果是什么人们并不清楚；（P2）"开始谁也不知道是地震了"，人们感受到巨大危险的临近；（P5）"这下子天昏地暗的，抖得凶的很，这下子人都站不稳。"逃生和寻求安全感成为主要驱动因素。（P1）"听见这种声音就像炸山一样，他们也不提前通知一声。不过也有不对，就是房子在晃，我当时觉得不太对劲，就赶紧跑出来。"

4.3.3 地震冲击（Earthquake Shock）状态下人们的伦理决策行为

地震后，人们从地震惊魂中回过神来，旋即投入到自救之中。这里的自救是指在同一个区域的受灾群众帮助其他受灾群众的行为，同时自救中还包括了互相帮助，彼此救援的行为。自救是当时人们的主要行为，自救的效果是显著的。例如，截至地震发生后的第 4 天，有

27 560 名囤陷者被从废墟中救出①，这其中大部分都是受灾群众自救救出的。这个过程中人们表现出众多的道德行为，诸如救治别人，与别人分享水和食物，安慰受害者和其亲人，自觉加入受灾群众救援活动，接受临时的分工，与其他人团结协作克服难关等行为，而不道德的行为几乎没有发生。(P1)"地震过后，基本上队上的人都听安排，也没人计较，回来过后，人就变了，很多人只顾自己，叫也叫不动。"(P6)"我觉得那时的人跟现在不一样。那时的人，我觉得在大灾大难面前人心真的善良的，就是人之初性本善。你说大灾大难面前人们有什么自私的举动，我觉得那都是在电影里面才有的。在现实中，人们都想着救人，都这样。"

P1 是一个组的组长②，他所在的组处在震中区域，地震导致该区域的居民建筑几乎完全垮塌，有些组员被压在垮塌的建筑下面，很多人员受伤，交通和通讯完全被破坏。面临这样的灾难，他们组在相对隔绝的情况下展开自救，四天后才得到外部救援支援，一周后该组人员才逐渐转移出来。地震发生后，他马上就展开了对全组其他人员的救助，主要表现在搜集组员的信息，"这种情况，我第一时间就想了解一下有哪些跌倒的、被埋的，需要挖的"，协调组员的自救行为，指挥组员把埋在建筑物中的人挖出来。这些被挖出来的人大多都受了比较严重的伤，组员们就都无私地出来照顾这些伤员。他还带领大家排除潜在的险情，"第二天一早，带了我们一个出纳，要翻山，把水堵起来"。同时尽量将外部的消息带给组员，安慰组员情绪，"当天下午回去，晚上九点，全部走路，十几公里。把外面的情况跟老百姓说一下，让他

① 在这个阶段，人们展开了自救，据四川省人民政府新闻办公室举行的汶川特大地震灾害第四场新闻发布会上，时任四川省政府副省长李成云说："截至 16 日 16 时发生余震 4432 次，死亡 21 500余人，受伤 159 000 余人，被埋 14 000 余人，从废墟中救出27 560 人，临时安置 487 200 人。"这从废墟中救出的 27 560 人基本上是自救救出的。外界进入灾区展开救援的军事力量是 2008年 5 月 13 日 23 时 15 分，武警驻川某师 200 名官兵，由理县冒着滂沱大雨，强行军 90 公里，一口气冲入汶川县城展开救援工作的。
② 组相当于一个村的生产队，即一个村子被划分为若干个组，每个组大约有一百多人，组长是村民自选的组的干部。

们安心"。在有些受伤人员死亡后，组织组员埋葬死亡者，最后带领大家分批次地将受伤的人转移出来。在去堵水的途中得知自己的女儿也受重伤被转移到医院后，仍然返回村上，最终把所有的人都带领和运送出来，一个月以后才去医院看望了自己的女儿。

P2是一名普通的村民，他在紧急救援阶段除了协助别人救援亲属，还找人帮助救出了自己的哥哥和来他家做客被压在倒塌房屋中的岳母。地震过后，没有外部救援力量的支援，村民们都是相互帮助，主动地到处去寻找需要帮助的人，（P2）"地震后，我们就到处挖人，这个帮那个，那个帮这个，帮着挖压着的人。"P2的岳母在地震前到他家小住，地震发生时他岳母在屋檐下，结果房屋倒塌被埋在下面。P2及其妻子在地震时没在屋内，地震发生后，"我当时看着房子倒了，就喊妈呀妈，你在哪儿，她当时可能是比较虚弱，没有做声，说不出话，后来过去七八分钟了，我就到处喊，她才说我在这里。"由于救援其岳母的难度比较大，P2和其妻子没办法将其救出来，于是就去找人帮忙。在找人帮忙的过程中，遇到其他人也在挖囤陷的亲属，于是也帮他们一起挖，救了两个人出来，后来来到他二哥家，他嫂子正在呼救，因为他二哥也被埋在倒塌的房子里，他就与其他来帮忙的人一起把他的二哥救出来，之后与众人回来挖他的岳母。他岳母被挖出来已经是地震后的第三天了，这期间大家都在挖人、救人。"把我们二哥挖出来之后，到处的人都来（我家了），来救我们老丈母娘的人很多，大概有十几个人都来了，才弄出来了。全靠小个子男，他从那个板子里钻进去，那个板子太重我们都抬不起，他慢慢才把我们老丈母娘挖出来。"P2只是村民中的一个代表，在这个过程中所有的村民都在开展自救。不管男女老少，都在尽力帮助那些更为困难的人，搜寻和挖掘被掩埋在建筑物中的人，为救出来的人员清洗伤口，安慰死难人员的家属。为了维持生命，大家都把各自家中能食用的食物和水等物资储存起来，有些人家没有食物了，其他人就会给他们分享一些食物。村民们还寻找材料搭建帐篷，把门板弄出来，当床板。用P1的话说，当时"大家没有太多的想法，就是一个信念要逃出去"。

P4是红白镇上的一名派出所民警，地震时在派出所值班。地震把派出所夷为了平地，P4等四名民警逃出来后，没有停留就分别来到小学和中学去搜寻受伤人员。发现学校校舍已经完全垮塌，大量学生被困在垮塌的教室里，到处都是求救的哭喊声。在没有工具的情况下，面临余震的威胁，尽力把能救援出来的学生都往外抢救，"我们就是去地里头刨，去抬一些比如预制板、柱子、砖头等，都拣开，只要能拿得动的，拿不动的就是两三个人抬。""当时什么东西都没有，就是空手，尽力把能拉起走的拉起走，能抱出来的抱出来，两个半小时之内我一个人就抱了四五个出来。"他们在学校救援两个半小时过后接到了命令，要他们去维持震后灾区的秩序，因为地震发生后，建筑物大面积倒塌，场面非常混乱，有些重要物资储存点和商铺的建筑已经毁坏，没有人看守，政府希望尽量保持秩序，避免出现人为的恶性事件，所以派民警去看守。在这个过程中，大家都很讲秩序，他们维持秩序的工作变得很简单。在维持秩序时遇到了很多从山里逃出来的受灾群众，他们都会尽量帮助这些人。"一些老百姓又饿又累，有的鞋子都没了，这个就是看得比较心酸。当时给我们分的口粮都给他们吃了，我们都两天没吃过饭。七八十岁的老太太、老大爷，一两岁的小孩子，鞋子都没有，翻山下来的，看得很让人心酸。"

P6是借调到镇政府的一名公务员，地震发生后，首先去确认了震前来探望他的女友是否安全，然后他就马上展开了救援活动。"当时人很乱，特别乱，就想着救人嘛，当时到处都是人。"半小时后，政府的领导找到他，让他到县上去通报信息。因为当时其他通信手段全部中断，各个地方的人都希望迅速把本地的灾情报告给县政府，希望尽快得到外界的救援支援。当时不仅建筑倒塌了，山体也大面积的塌方，灾区通往外界的道路完全被破坏了。通报完信息后，晚上十一点返回到镇上就又自发去参加救援活动。"晚上就参加到救人中，我们就通过那个铁路桥去救人，因为当时比较危险，也不敢动作太快，一直到晚上还在救援。"搜救工作完成之后（地震冲击状态已经结束），P6参加了处理死者尸体的工作。主要负责给死者拍照，帮助死者的家属寻找和认领尸体。完成这个工作，P6需要长时间跟尸体待在一起，他需要克服种种恐惧，例如害怕死尸，害怕瘟疫等。他曾想离开这个工作，但最后还是坚持完成了。

在这个阶段，很多人都根据自己拥有的资源对地震救援进行了无偿捐助，例如，很多店铺的老板都主动把受灾人员需要的商品捐献出来了；再例如液氮泄漏后，（P3）"他们当时地震刚跑出来液氮又漏了，找的手帕，当时镇上凡是做小生意的就说你们就拿去用就是了，他们拿了就去河里沾点水就跑，……"（P4）"当时那些超市的老板都在，他们都主动拿东西出来分发，把东西捐了……"

上述只是几个人的故事，在我们访谈的对象中，几乎每个人都经历了同样的故事。很多事迹是感人至深的。这些行为都被认为是道德的行为是英雄主义的行为，那么这些背后的决策过程是怎样的呢？

地震冲击状态下做出道德的行为是一种内在动机。P1解释其为什么去了解其他人的伤亡情况并组织救援时说："因为我当时在队上组织工作。……这种情况，我第一时间就想了解一下有哪些跌倒的、被埋的，需要挖的，需要组织起来，因为我们队上有两百多人，出去打工的，有一百多人，就把这些人组织起来，叫了十几、二十个，每家每户把情况摸一下。"可见承担责任是其所陈述的主要逻辑。同时，我们注意到，P1在整个过程中，关注点在于结果导向，例如救出了哪个人，完成了什么事，除了在描述当时环境时说明了人们都在哭喊呼救，对救援过程中别人的反应，自己对受害者的感受等方面都没有提到，因此，可以推断出，他的动机是结果导向的。我们发现P4、P6等人的叙述在结果导向上有一定的相似性，他们共同的特点都是自身承担公务，有责任来为其他的人服务。与此形成鲜明对照的是P2，他的认知更多的是在救人时自己和（自己观察到的）别人的体验，这是一种过程导向的行为动机。除了陈述自己是无私地帮助别人，对于当时大家相互救援时有没有私心，P2说"没有，不说那一刻，就是那三四天内，都没有什么私心，你帮我、我帮你，完全是一个人。……都是亲人呀，那时候没有什么不是亲人的，地震过后一起吃饭，都是你把你的米拿出来，我把我的肉拿出来，在一起煮来吃，像不认识的人都带他们如认识的熟人，都在一起吃饭。……把我们二哥挖出来之后，到处的人都来（我家了），来救我们老丈母娘的人很多，大概有十几个人都来了，才弄出来了，全靠小个子男，他从那个板子里钻进去，那个板子太重我们都抬不起，他慢慢才把我们老丈母娘挖出来。他当时孩子也在金河打工，帮人家修车也死了，当时他并不知道，当时那几天都没人考虑这些事情，也不会分什么你我。之前有过矛盾的，本来说话都挺尴尬的，那时候也没什么了。……"谈到协作时，他认为大家都很无私投入，"我觉得就是当时救我们二哥那个情况算是（记忆）非常深刻了，当时没有顾什么，同时几个人进去，一个人是不行的，那个梁掉下来是五六百斤重，没有五六个人都不行，人心很团结，其他没有什么。那几天救人的心是让我印象很深刻的，过程中是太感人了，就算我们之前有矛盾，都把隔阂消除，当成是一个人一家人，不分彼此，你的事就是我的事。"P2 在陈述动机时，不断在强调自己和别人的感受，强调一种情绪在影响大家的行为，人们的行为被一种更高级别的使命感所影响，以至于人们无私的帮助行为可以超越人们日常生活的矛盾和隔阂。结果导向的人的利他行为可能是由外在动机引发的，而过程导向的利他行为可能是由内在动机引发的。因此，可以推测群众互相帮助的行为可能是内在动机驱动的。

人们在面对困难和危险时还会（继续）展开救援吗？救 P2 二哥时大家是深入到危险建筑物之中的。大家不管危险吗？（P2）"……不管、不管，没有管危险不危险，当时地震过后，余震都是四五级的，你去下面挖，板子都会向里挤压。"对于危险的环境"还是看着嘛，看的看，挖的挖。其他没有什么经验，总不能看着活生生的人还可以动的人死在里面，甚至有些死人我们都是把他们挖出来了的。"你们害怕危险吗？"哪会怕，只不过说，要特别注意不要把手砸断了。……人怎么会不顾命呢，不顾命是假的，还是会把上面瞧着点，挖的专心挖，瞧着的也专心瞧着。……有人看着，负责安全，都是这样，比如说你看着，我来挖。那个时候不像现在看安全的，都是非常负责的，很专一的。"对于自己的危险大家都是置之度外的，例如，（P4）"那些都不觉得。当时地震后余震随时会来，房子随时会倒，都没想到这些，只想到把人救出来，没想过其他的东西。"对于特别困难的情况，一般都会尽各种努力，不会轻易放弃，例如，（P2）"放弃？没有谁说要放弃，救人没有谁说放弃不放弃的，哪怕是个尸体都要挖出来。这个不为难，再难都要挖出来。"同样 P4 也谈到了类似的情形，"只要是能做的我们都做完再说，实在做不了的我们就放弃。"其他困难是否会阻碍人们的救人行为呢？当时的情况是也不会。例如，（P6）"不管救援难度多大我们都救。不管成功不成功，难度大不大，我觉得这是两码事。但是你说的那个救与不救，肯定的没啥选择，就是要救。"他还举了一个例子，就是清理尸体的时候需要克服恐惧的心理，"你说我当时是刚毕业的大学生，哪见过这么大的世面。印象特别深的事，就是你往路上一走，脚下踩的都是死人，胳膊、腿到处都是，就是特别吓人。那是印象最深的。就是抬死人的时候，心里就是怕得很（但仍然坚持在救人）"。可见人们在救援的过程中遇到了很多困难和危险，但仍然坚持帮助别人。

人们首先想到了救谁？在地震发生后，P4等人马上到学校展开了救援，"我当时没什么想法，就和一个副队长到我们学校去看下，当时我们有四个人，两个人去了小学，两个人去了中学。"（P6）"当时就想着我们对象，想知道她是什么情况。因为跟她是耍朋友嘛，又是第一次过来，出了什么事也不好跟她父母交代。稍微站住脚，我就跑上去看看她的情况。那时楼梯呀什么的都垮了。我还是把她找到了，她没事。"地震把P2岳母压在了房子下，他马上展开了对岳母的救援。P5带人在山上采茶，地震发生后"只是就生怕把山上的人摔着了，当时就连忙滑下来，把山上的人喊回来，结果就都没的事。"可见，人们首先想到的是自己负有责任的人。

人们如何选择去关心自己的家人还是去帮助别人？在地震后第二天，P1等人翻山出来堵水的时候，他才得知自己孩子的情况，"在新台上，我在一个单位上的朋友，他就往里面走，他就说你娃娃在教室里面，我当时心想，肯定洗白（完蛋）了。他说你们兄弟当时弄出来的时候，有点严重，医生就处理了一下。后面慢慢清醒了，就问了一些情况。他们兄弟就找了一些人，慢慢抬，就到了穿心店，直接拦了个车，就把他送到了什邡医院。"P1并不是丢掉同组的人不管，而是先去寻找自己的孩子。然而P1知道自己的孩子虽然受了伤，但得到了救助。相比之下，有很多人并不知道自己家人的信息，P2谈到自己的孩子时说，"没考虑，那时候脑子都懵了，什么都不知道了。死了也算了，只有这样了，活着就活着。"谈到没去关心自己的孩子的原因，"那怎么会不担心呢，肯定很担心。……出不来，大路全部断完了。"不仅他自己是这样的，其他人也是这样的，例如他谈到的小个子男子，不顾危险地帮助他救他的岳母，自己的孩子死了都不知道。再例如，P4等人地震发生后直接到学校救人，并没有试图去了解家人的安危。这些人所给出的解释具有高度的一致性，那就是道路损坏，距离太远，找亲人不可行。例如（P4）"家里那么远，几十里远，到处都倒了，这里的房子肯定比家里的房子好，回去要花很多时间，也没有什么用处，当时也没想到，就想到这边挨着近。……担心也不起作用。你回去，比如说房子已经倒了，人该被压的都压了，你把人救出来了，交通也不通，车子也不通，电话也不行，什么都搞不成。……肯定是担心的，回去那么远，有八九里路，走回去这么长时间，如果已经压到了痛都痛死了。……是联系不到（家里），很着急，但是也没办法，只能就近做些力所能及的事情。……离家远，有什么事你也没办法，到那看了还要伤心、难过些。在参与救援或巡逻还能做点事情，回去看了还要担心这担心那的，把自己弄得难受了，不舒服。（在当地展开救援是害怕面对亲人的情况）……当时派出所只有五个人，我们都有孩子，都没去见，都直接到现场救援去了……"再例如，（P16）"当时的情况是她没有找到她的女儿，她还在跟着我们做公益，等到确认她女儿遇难时，她精神都崩溃了。……当时她那么痛苦，她还是跟我们一块做公益，帮助更多的人。"可见，这些人并非不关心自己的家人，而是顾不上，或者有客观原因无法去关心、帮助自己的家人。当帮助自己亲人的动机没有办法得到满足时，人们会将利他行为扩展到别人身上，寻求心理的替代性满足。

人们是按照什么顺序展开救援活动的？对于村民而言，在可能的情况下，人们都是首先对自己的亲人展开救助，在无法自行救出的情况下，需要向别人求助，这时人们的救援顺序会根据客观条件的限制展开。例如，（P2）"是的，我走去喊我二哥他们那儿，他们那儿大概离我们有 500 米远，走到的时候，他也在那儿叫喊得很厉害，我们二嫂也是，让我帮着救人，那时候谁会考虑到老丈母娘，没有考虑，只是想到这个救出来再救下一个，救出来再说。"若认为女婿与丈母娘的感情不如兄弟之间的感情深，那么女儿与母亲的感情应该够深了吧。"不过那个板子太厚了，女的根本抬不起，所以我去找其他人来帮忙。她就在家里，后来她也跑出来了（找人）"。（P4）"（先救自己的侄女）那个不存在，一排教室全部都是人，你就尽力抱着走就行了。……肯定会随手先救最近的，不可能先救那边远的。……你是没到现场，那房子都倒了一堆，你必须从这边过去才看得到前面，那么多的房子全部倒成一片平地，你说的情况不存在。如果把后面的搬开可能会把前面的伤着，就是先清出一条路，人越来越多就好救援了。"（P6）"只要遇到的，我们都救出来，暂时没有发现你说的那种情况（同时面对两个人，不知先救谁）。比如说发现有人之后，我们就一直救。两个人的话就是不管轻重，都要去救。应该说没发现你说的那种情况。"可见，救援顺序并非按照我们所谓的亲疏顺序展开的，原因是亲疏顺序会受到外界条件的约束。在这里，我们观察到，条件允许的情况下亲密性（proximity）决定了救援顺序，但在条件不允许或者亲密性没有达到一定水平时，人们是按照先来后到的顺序展开救援的。但上述的救援决策并不是对所有的人都适用。没有经历地震冲击的外部人员都是先安顿好自己的孩子然后才去帮助别人的。我们在下文中继续分析。

我们通过上述的救援顺序的分析可以发现，人们的救援顺序是按照责任的强弱顺序展开的。亲密关系的水平与责任的强弱相对应，越是亲密的人越有责任去保护她/他，但具体行为会受到外界条件的影响和约束。心理顺序受什么因素影响呢？心理顺序是受心理距离的影响，心理距离与心理上的责任相对应。责任即是外部因素可以称为外部责任，例如岗位所赋予的责任、职业所赋予的责任等，内部心理因素可以称为心理责任，例如爱所赋予的责任。

地震冲击状态下人们的身体和心理状态，表现为身体的疲惫紧张，强烈而复杂的情绪和简单的认知和思维过程。（P1）"那个场面真是让人害怕，一切都没得。所以说那时还是很幸运的。……一个字，惨。就是只能用这一个字，惨。唉……心里想肯定完了。"（P6）"……当时人很乱，特别乱，就想着救人嘛，当时到处都是人。……印象特别深的事，就是你往路上一走，脚下踩的都是死人，胳膊、腿到处都是，就是特别吓人。"很多人是从发懵的状态中缓过神来的。（P2）"那天简直太吓人了，……那时候脑子都懵了，什么都不知道了。死了也算了，只有这样了，活着就活着。"（P4）"当时地震后余震随时会来，房子随时会倒，都没想到这些，只想到把人救出来，没想过其他的东西。"（P5）"……这下子心头焦呢，就焦底下的人嘛……那种看着也恼火，在山上都还觉得还好，出来就眼泪直往下流，……"

综合上述分析，从人们的认知、情绪、行为表现等方面的表现，我们发现人们的行为在地震冲击状态下与平时有显著的不同。人们在决定帮助别人以及在实施这一决策时是受到一种情绪的影响的，在进行决策时人们没有表现出明显的利害权衡过程，从决策结果看人们更倾向于选择结果主义决策。

4.3.4 非地震冲击状态下的伦理决策行为分析

对于距离受灾中心远的区域，也有很多人参与了紧急救援，他们所处的状态与地震冲击的状态有很大的差别，尽管这些人可能也经历了地震逃生，感受到了恐惧，但两者在程度上有非常明显的差异，另外，他们地震后的周边环境也与地震冲击状态下人们的环境有很大差别。还有些区域虽然经历了短暂的地震冲击状态，但由于很快得到了外部的救援，很快有了信息的沟通，所以很快地震冲击状态即消失。在这种状态下，人们的伦理决策表现出明显的思考过程，情绪已经不是影响伦理决策的最重要的因素，利弊的权衡成了伦理决策的依据。

例如，P3 是一个抗震英雄，在地震发生时她担任粮食局的干部，在整个工作过程中，她勇于承担责任，积极主动，甚至替自己的领导出谋划策。这些工作似乎并不是自己的职责范围，也好像超出了其能力，但为了抗震救灾，敢于争取责任，敢于承担责任，敢于说真话。P3 利用其经验和知识把工作做好，成功地保证了地震后粮食的供应，稳定了粮食价格，避免了人们囤积和哄抢粮食的行为，提出了救灾物资的管理措施和流程等。

P10 是一个村干部，地震发生当天到红白镇上办事，地震发生时没有在村里。"地震了当时，还有村领导在，包括我们书记、组长都在，几个人就跑出来了。跑出来过后，……幼儿园、学校之类的遭殃得最惨，我们就跑去了学校，是小学，另外书记他们跑去的是中学。……就跑到上面那个平房，找了些木架子，试着去挖……"后来很快就停止了救援，被领导叫去到各个组去查看灾情。（P10）"……那天晚上因为太疲劳了我们就在那住了一晚上，第二天早上起来还是往后翻山，毕竟后面还有 5 队、6 队和 4 队，原来 5 队和 7 队是在两个山之间的峡谷里面，后来地震两山合一，峡谷就被填平了，当时在家的村民中 7 队的只有一家幸免于难，死了 21 人，5 队的位置高了一点往山上跑的 6 个人没有死，其他的都死了，后来我们叫 7 队的两个人员去 5 队了解情况，……"

P11 是红白镇的一名公务员，地震发生时由于在什邡市并没有受到太大惊吓，后从什邡市进入红白镇展开救援活动。他参与了对学生的救援和对其同事的救援。"当时的救援人员还比较多，先救的学生，后来喊过来救我们同事，救出来后情况有点严重。当时没医生，他是内出血表面也看不出来有什么，我们也没经验，就把他安置在一边，他爱人照顾她。晚上八点的时候他情况就很严重了，脸色苍白，浑身发抖，生命垂危了，我们就安排民兵把他运送出去。从镇上到目的地有接近3公里，喊了八个人抬，因为之前大家工作时间很长，都很累了，也确实抬不动了，而且当时没意识到他情况的严重性，就在半路把他放在一边，等待外面的人过来把他抬出去，就没怎么管了。……"

P5普通村民，成功带领十几个雇工从山上出来，带领部队进入重灾区，并参与了救援。"第三天我就带了几十个人，带了几十个人翻后山就出来了，一路垮，到处看到他们在救人，救出来我们就去帮忙弄一下。""我本来头一天就艰难地走出来了，也带了几十个人出来过，比较熟悉，所以就决定带部队进去。当兵的也很能吃苦，一路不惧危险，一直下着雨，踩着乱石，还有落石的，很容易就会被砸着。"P5的动机是多方面的，除了去帮助别人，还有去探视自己和妻子的老人的动机。"嗯，都很幸运。包括我老婆，我们那里做生意的就我们房子没垮。我带他们上去，可以给我爸汇报一下家人情况还有就是，别人叫我去带路，我也没想过要推脱不去。我觉得人就应该对得起自己的良心。……我不是一个高尚的人，也会惧怕危险，但是想着里面还有那么多的人。……就算当兵的不进去，我自己也会进去的，毕竟自己的父母在里面，这是我的一个行为准则。"

P17是一名志愿者，当时是一名中学生，其动机是帮助人的冲动。之所以说是冲动，是因为当时P17并没有考虑其他因素，帮助人是一种瞬间的强烈意愿。"知道是地震以后，我脑子里面就闪过一个念头，我想要去灾区尽我自己的力量去帮助他人。……因为当时就是一股热血，就想赶快到达灾区，尽我最大的努力帮助需要帮助的人。"

P14是一名志愿者，他谈到了组织文化对他的影响，也显示帮助别人，履行义务，实现个人价值是其主要动机。选择到可以发挥作用的地方救援。"后来我觉得在县城里发挥不了我的作用，我就转战到周边的散落的村子里，我想在那些地方我应该能帮到一些忙。"

P9是一个普通村民，当年刚19岁，地震发生当天休假到什邡市购物，地震发生后，试图从什邡赶回山上的老家，寻找自己的父母。她从什邡坐车往山上开的过程中，遇到了道路中断，很多受灾群众想上这辆汽车，但司机不敢停车，怕一些受灾群众会挤上车。P9"嗯，因为在那个时候他（司机）也不敢停车，如果停车的话所有人都要拥挤上来，我们也不晓得咋办……"在不得已的情况下，汽车司机选择了帮助别人。"走到穿心店的时候，当时是有人拦车，直接把车子给我们拦下了，车下面的人说车上面的好多人都下来，除了司机以外等于说把行人都那个了，送到医院去了，那些病人、伤员嘛，当时我们车子上有我还有一个女的，我也不认的，还有一个我的同事，他们家是在永华，当时她还在车子上，当时车子停的时候那个女的说的你快过来，你跟我两个挤在前头把位置让给他们，然后我们就上车了，然后那些伤员就往后头挤，因为她说那个金杯车嘛，就装了 5 个伤员，还有个手都没的了，直接砸的剩骨头。当时我还过去看了一下嘛，心里有种说不出的难受。我们的那个同事就一直在后面，有伤员需要人陪同，因为好多都找不到家人，然后那个不晓得是厂里面的还是哪里的上车后，我们那个同事就在后面一直喊我，就跟我们两个说话，就喊他不要睡嘛，把他们送到医院。"第二天，P9 又步行往山上走，寻找亲人，当向别人打听亲人信息时并没有得到帮助。"就站在一起我们就看，一路往上走一路看着熟人，只要看到熟人就看一个问一个，没有人愿意回答我们，都去逃命去了，都只顾逃命，没人回答我们。……那时也看到好多人逃命，看到一个熟人就想问一问，看到一个熟人就想问一声，不过，一般没有多少人愿意回答，因为那些人晓得情况的，他们逃出来的时候就管自己的命嘛，他就走他的嘛。"P9 在路上遇到了一个被抬下来放在路边的受伤求救的老人，但是并没有帮助这个老人而是选择继续寻找亲人。"我们走到金花洞子的时候一个老人家就放在洞门口，应该岁数有点大。……他就叫唤嘛，把我们吓一跳，才发现他。"她没有理会这个老人，原因是她也没有得到别人的帮助。"因为就像我说的那样，当初，你想问一句话都没有人给你说，就是有人回答你都说不晓得，就这一句话就走了。"她也因此承担了道德责备，"我的内心有点难受。就是说看到的这一幕并不是我想看到的……"

　　P13 是慈善基金的工作人员负责运送救灾物资到灾区，在选择救灾物资的运送地点时说："首先是考虑当地的受灾严重程度，毕竟物资也有限，肯定是要把物资送到最需要的地方去，特别是通讯不通的地方，就急需我们的无线电设备的进入，把里面的情况传输出来。第二个就是考虑道路的畅通情况，肯定要路通了才能及时地将物资送进去，要不然都堵在路上或者说根本无法进入的话，那就是在浪费时间做无用功了。还有一点就是，当时大批的官兵和救灾队伍已经进入灾区了，我们就更倾向于考虑那些被忽视的地方，或者说是因为没有报道出来，外界觉得受灾不严重的地方，对于外界了解咨询比较多的乡我们可能就避免去到那边，一个是会造成物资的堆积和浪费，也可能会引起交通堵塞。"

可见在非地震冲击状态下人们的伦理决策行为都是经过利害权衡之后的结果，这个过程中复杂的认知过程和分析计算过程非常突出，情绪也伴随决策过程，但情绪的唤起程度和作用远不及地震冲击状态中的人们。这种状态下的伦理决策表现出结果主义的倾向和利己主义的倾向，甚至非道德的行为也开始出现。

4.3.5 伦理决策影响因素分析

通过对访谈记录的分析，发现影响人们伦理决策行为的因素主要有以下五类：① 情境因素（陌生性、危险性、时间压力、逃避可能性、情绪氛围、责任分散）；② 其他人的影响（其他人的利他行为、其他人的自利行为、其他人的谴责、与其他人的利益关系）；③ 自身因素（价值观、道德观、责任、资源、能力、情绪、认知、身份、冲动、卷入程度）；④ 文化因素；⑤ 成本—收益特征；⑥ 被帮助者因素（亲密性、需要的迫切性、是否请求）。

（1）情境因素

① 陌生性。陌生性是指对于所面临环境的知识和经验的缺乏程度。当遇到陌生环境时，人们的行为会产生分化，因为分化可以降低被灭绝的危险，因此在陌生环境下时，人们的行为是多样性的。例如，在地震来临的那一刻，四个值班的民警，有一个提醒大家逃跑并协助一个年长的人逃跑，有两个迅速逃跑，有一个人还在穿鞋子（这是下床时的习惯性行为）。对于熟悉的环境，人们倾向于采用习惯性、经验性

的行为模式。习惯的养成是在成功和失败的经验基础上，人经过优劣比较最终选择保留下来的。在比较的过程中，人运用了大量的认知计算，从而利己性的或有利于自我加强的行为更容易被保留下来。再例如，P3 经历过唐山地震，有地震求生知识，"2:28 分的时候我正在办公室翻资料就感觉到地动了一下，因为我经历过 76 年唐山地震，当时我就经历过那个地震所以有印象，我第一个反应就说地震了，二楼的工作人员在和我一起找东西，他都没反应过来，他没经历过，我说地震了，他说不可能，我说就是，然后喊他快跑。准备跑的时候突然想起领导还没走，他就在我斜对面的一个办公室，我就去办公室喊他，喊他但是没有人，我就以为他在厕所，去厕所找也没人，我就马上回来，然后第二轮就开始摇，摇得非常厉害，我就喊那个工作人员赶紧先跑。我刚好跑到领导办公室的时候就非常剧烈的摇动，当时还是很冷静的，我就钻到办公桌底下，就想到如果倒下来办公室可以躲避一下，因为我们的办公室是 2000 年才修建的，质量比较保证。办公室的东西摇得很剧烈，看到饮水机就倒了，当时我想着遭了可能跑不掉了，第一反应就是想别再摇了再摇就跑不掉了，第二反应是那个水倒下来了离我不是很远，实在不行还有水，当时很理性。"陌生性的环境更容易激发人的自发动机，在陌生性的环境中人的行为缺乏明显的目的性，也缺乏明显的动机性。进一步还受到时间紧迫性的影响，时间越紧迫，人就没有机会进行深思熟虑，从而更多地依赖于片面的信息形成判断或依赖于情绪激发行为。

②危险性。危险性是指不安全，环境中存在一些因素，其发生会对人和财务等造成损害。危险性的存在会影响人们的利他行为。（P6）"前期大家都是救人，后期在生命安全得到保障之后，或许有其他想法，那是很自然的。"以往的研究在试验中对危险变量的控制很少。危险性增加人们若不采取措施将承受巨大生命、财产损失的预期和判断。因此，危险性会引发人们避险的行为，也会引发人的害怕等情绪。（P1）"当时我们边上就砸死了两个，后面隔了一段时间又去埋的，当时不敢。"危险的情境还要区分是对所有人都危险，还是对被帮助者危险，而对帮助者不危险。同时承受危险增加利他行为，这类似于同舟共济，单边承受危险将会形成利他行为需要克服的障碍，有可能会减少利他行为。例如同样经历了泥石流的一位亲历者说：（P1）"那时的路全洗白

了，都是爬着过去的，给我感触最深的就是一边走一边看到尸体。有的是地震时候埋下的，都三四年了又被翻出来了，唉，还有好多是刚被泥石流埋下的。我们找了找，没有几个幸存的，反正我们是没有找到。后来我们就下来了……"当在某种情绪下时，人们会对危险性的认识产生偏误。例如，如果在地震发生时受到了惊吓，会高估地震的危险性，而没有受到惊吓的则会低估地震的危险性。(P19)"所有的同学都从宿舍楼里跑出来，都非常惊慌失措的样子，还大叫：地震了，地震了！我才突然反应过来是发生了地震。那时我们也都年轻气盛，只是觉得慌神了一会，却也没感觉到非常害怕，还是比较镇定的。"(P5)"我也因为觉得地震对家里的木质结构没有影响，我就让他们都去睡，他们都不敢，他们都在坐，结果我去睡了一晚上。"迫切的动机会令人排斥对危险性的认知。(P2)"不管不管，没有管危险不危险，当时地震过后，余震都是4、5级的，你去下面挖，板子都会向里挤压。"对危险性的感知受到知识、经验等多种因素的影响。(P3)"因为76年的时候我带着弟弟妹妹去看电影，晃得最激烈的时候我们还以为是电影里的镜头，当时没反应过来，反应过来是地震了就全部冲出去……地震过后二十多分钟，他们都不敢上楼，我一个人冲到楼上……"另一方面，冲动也会影响危险性的感知。

③ 时间压力。时间压力是指时间的紧迫性，即需要迅速采取措施的情境。时间压力影响认知努力，由于时间紧迫，人们来不及做深入的思考，焦急的情绪将更加加重时间紧迫性的影响。因此在时间紧迫的情况下，人们的动机更多的是自发动机。情境的陌生性和危险性都需要增加认知努力，在这种情况下，时间压力的影响更为明显。

④ 逃避可能性。逃避的可能性降低利他行为。地震中，部分灾点由于所有的道路交通都崩溃了，人们无法逃离灾害地点，面对他人需要救助的情况，毫不犹豫地采取了救助措施。而有些可以逃离的地区，人们更多地采用逃离的措施。例如，(P9)"没有（提供帮助），直接就走了，跟我说的快走快走，他说多危险，快走。因为当时山体也在垮。我还是觉得我们比较幸运，那时也看到好多人逃命，看到一个熟人就想问一问，看到一个熟人就想问一声，不过，一般没有多少人愿意回答，因为那些人晓得情况的，他们逃出来的时候就管自己的命嘛，他就走他的嘛。"逃避包括两个层面，一个是身体的逃避，另一个是心理

的逃避。心理逃避取决于心理的印象、记忆，情绪氛围影响心理逃避的可能性，情绪氛围越强烈，心理逃避的可能性越小。（P6）"当时人很乱，特别乱，就想着救人嘛，当时到处都是人。"谴责等公众造成的压力也增加了心理逃避的可能性。（P1）"农村里面这种只顾自己不顾他人的行为，如果是老年人也就无所谓了，还有年轻人那就不对了。……搭帐篷的话，十几个人一个，但是有些人只搭自己的，这种就比较自私了，我们都不接受。"

⑤ 情绪氛围。这是指大家所处的情绪状态，它可能不是一个人的情绪状态，而是大家普遍的情绪状态。（P2）"都是亲人呀，那时候没有什么不是亲人的，地震过后一起吃饭，都是你把你的米拿出来，我把我的肉拿出来，在一起煮来吃，像不认识的人都带他们如认识的熟人，都在一起吃饭。"情绪氛围通过影响个体的情绪和认知来影响其行为。（P1）"死了就死了，大家都明白这个道理，大家都帮忙把人埋了。"（P2）"只要能救人就是对的，地震那几天是大家关系处得最好的那几天，该救人就救人，该拉人就拉人，所有的车子都不要钱。"再如人们对食品的抢购也受到情绪氛围的影响。（P3）"发现大家已经从下午的惊慌之中恢复，已经开始抢购食物了，就清醒过来了。"

⑥ 责任分散性。责任分散并不仅是指旁观者的数量，而是指个体的行为在利他行为或利他结果中的作用，以及个体对需要帮助者承担的责任。如要救一个人，几个人都在场会有责任分散，但如果有医生在，则该医生的责任无法分散。（P7）"因为我们是做这个的，就不需要啥子组织，都是自发的。回来该做什么就做什么，相当于上班。上班也就是这样，救死扶伤就是我们的职责。"（P9）"就算是他那个的话，只要有当兵的在我们也不可能管他，因为想的是肯定会有人救他的，我们有这个精力逃出去就算不错了。"另外，这里的责任还可以延伸到与个体身份有关的因素。如 P1、P4、P6、P8、P3 等都对自己认为有责任救助的对象首先展开了救助。

（2）其他人的利他行为、其他人的自利行为、其他人的谴责以及其他人的利害大小

其他人的利他行为和自利行为都会影响一个人的伦理决策。而这里所谓其他人的利他行为和自利行为在被观察到时才会产生影响。例

如（P4）"大家都是同心协力的。如果有人不配合，比如说那个绳子他不给你拉着那怎么救援。他不配合你，就算你再厉害说不定都掉到泥石流里去了。必须互相配合好，爬（跋）山涉水，走到铁路的时候，爬梯子都爬了二十多米，那个梯子随时都会踏，一不小心就会掉到河里，那还是半夜三更的时候。"（P5）"……当兵的都去，作为当地人更应该去了。"再例如 P9，在询问多个人关于家人的消息没有得到回应后，当她见到一位受伤的老者寻求帮助时，她并没有提供帮助。"因为就像我说的那样，当初，你想问一句话都没有人给你说，就是有人回答你都说不晓得，就这一句话就走了。想多问一句话都没有回答。因为当时我很清楚那一幕，走一个人我问一个人，都说快走，很危险、快走……（所以没有帮助那个老者）但是我的内心有点难受，就是说看到的这一幕并不是我想看到的。"再例如，在紧急救援阶段，利他行为占据主导，大家都主动帮助别人，相互影响。但随着个别自利行为的发生，自利行为迅速感染了很多人。其他人的谴责可以阻止个别人的自利行为，同时保护利他的氛围。（P1）"还是有人会说，有些人看不惯。地震这么大，也不管了。外面的人有的在说，我们就听着。"当帮助行为涉及被帮助者极大的福利时，利他行为会增加。

（3）自身因素

① 价值观、道德观。价值观反映人们的认知和需求状况，价值观是人们对客观世界及行为结果的评价和看法，因而，它从某个方面反映了人们的人生观和世界观，反映了人的主观认知世界。价值观对动机有导向的作用，人们行为的动机受价值观的支配和制约，价值观对动机模式有重要影响，在同样的客观条件下，具有不同价值观的人，其动机模式不同，产生的行为也不相同，动机的目的方向受价值观的支配，只有那些经过价值判断被认为是可取的，才能转换为行为的动机，并以此为目标引导人们的行为。

② 责任。责任是指分内应做的事。责任心是指个人对自己和他人、对家庭和集体、对国家和社会所负责任的认识、情感和信念，以及与之相应的遵守规范、承担责任和履行义务的自觉态度。个人责任的感觉或道德规范与其他诸如慈善捐助等亲社会行为紧密联系，那些有责任心的人都更为突出地表现出了道德行为。

③ 资源、能力。一个人所拥有的能力和资源会影响其决策。因为资源和能力都决定了其行为在结果中的作用。一个人没有资源则他将不可能施予别人该资源，一个人没有能力则他也不可能做出需要该能力的行为。例如，（P1）"不过，还有好多都被埋在地下了，我们没办法挖出来。实在是没办法了。"（P4）"也不是说放弃，人力不可为，指挥部觉得只能联系挖掘机、吊车等机械，或者破拆工具啊，什么都没有，怎么弄出来？"

④ 情绪与认知。有明显认知活动参加与否对人的伦理决策行为有显著的影响。例如在紧急逃生阶段，没有明显的认知过程，提醒逃跑的利他行为普遍存在。在紧急救援阶段，人们的认知过程被阻碍，明显的利他活动普遍存在。（P2）"不想（自身安危），大体看下当时的情况，在顾忌自身安全的情况下救人。不过，当时如果是那种情况，也大概不会太顾忌自身的安全。"当存在认知活动后，人们的伦理决策朝着利己的方向发生了变化。（P5）"当时出来的人很多给钱让把里面的人抬出来，但很多人都不愿意去，出来了都不想回去，毕竟生命只有一次。有个人的老婆脚受伤了，走不出来，给两万都没有人去抬，那是拿生命做赌注。"

认知与情绪相互作用，决定人们是否会通过计算激发起自利为基础的利他，还是直接由情绪触发的利他动机，乃至自发的动机（情绪和认知水平都很低，只知道危险的存在，突然发生）。情绪影响认知，认知也影响情绪。负面信息倾向于比正面信息在整体评价上有更大的影响。

⑤ 卷入程度。其实卷入程度也可以视为自我卷入程度。自我是一个模糊的概念，在心理学上很多时候采用自我卷入来代表自我这个概念。自我卷入程度高时，人们对自己的行为会更投入。（P2）"有人看着，负责安全，都是这样，比如说你看着，我来挖。那个时候不像现在看安全的，都是非常负责的，很专一的。"

⑥ 身份。身份指人的出身和社会地位，在我国，身份制作为意识形态是我国民族文化精神的主要部分和重要的道德行为规范准则，它对我国人的作用是持续的，这种持续作用在他们心理层面的深处也凝成一种情结。我国是个注重身份的国度，成员的生存资源主要依据身份及身份之间的关系而配置。指是谁，是什么样的人。人类社会最初

的身份只是指个体成员交往中识别个体差异的标志和象征。它给予社会以秩序和结构。现代社会中是指社群中个体成员的标识和称谓，分为两类。客观的，如原籍、年龄、辈分、性别、职务、职业等。主观的，指内含身份认同：内部人和外人，熟人与陌生人，君子与小人等。一个人的身份通常包括职业身份、社会身份等。与他人的关系定位，即与对方处于什么关系，如雇员和雇主的关系、父子关系和同事关系等。身份一经确定就相应地与他人存在了某种关系，这种关系大体可分为两类，即纵向的关系和横向的关系，前者是上下关系，如亲子关系、上下级关系等，后者是平行关系，如兄弟姐妹关系、朋友关系等。身份与责任相联系，同时也与个人的能力和影响力相联系，从而决定了有没有能力采取利他行为。相关身份观念的行为规则。如何与他人相处，是指所确定的身份关系中相应的行为准则。（P4）"领导安排我们搜救，我们就把事情圆满地完成。"（P10）"地震了，当时还有村领导在，包括我们书记、组长都在，几个人就跑出来了""毕竟我还是（19）94年就入了党的，当时想着自己是个共产党员。""但一个人都还没救出来，当时我们另一个人找到我，是个女同志，现在在纪委，她就过来找到我，说书记在那边去了，让我马上去找谢书记。"这些都体现了身份的影响。

⑦ 冲动（Impulse psychology）。冲动是一种突发的期望和追求，可以被认为是人们的一种正常的和功能性的思考过程，但可以引发问题的思考过程，例如强迫症。冲动会影响一个人的伦理决策行为。例如，（P17）"刚决定要来灾区的时候，我并没有考虑过这个问题，因为当时就是一股热血，就想赶快到达灾区，尽我最大的努力帮助需要帮助的人。"

（4）文化因素

文化因素是指社会文化的相关方面。文化，拉丁文的原意是灵魂的培养，由此衍生为生物在其发展过程中逐步积累起跟自身生活相关的知识或经验，使其适应自然或周围的环境，是一群共同生活在相同自然环境及经济生产方式所形成的一种约定俗成潜意识的外在表现。文化就是社会价值系统的总和，其核心是成员普遍接受的世界观、价值观、道德观。文化因素这些核心元素影响人们的行为，当然也影响人们的伦理决策行为。P5 震后从山上下来后，为士兵带路时说："就算当兵的不进去，我自己也会进去的，毕竟自己的父母在里面，这是我的一个行为准则。"

在我国的传统文化中，素有人伦关系的传统观念。人伦（human relations），指封建社会中人与人礼教所规定的君臣、父子、夫妇、兄弟、朋友及各种尊卑长幼关系。人伦关系规定了人们之间的亲密程度和相处之道。虽然当今我国政治和经济制度都发生了深刻的变化，但人伦思想在我国文化中还是根深蒂固的。另外，自我国实行市场经济制度一来，市场经济的伦理观念对我国传统人伦观念造成了一定的冲击，在日常交往过程中传统人伦观念提倡的相处之道正在被（经济）利益关系所侵蚀，侵蚀的程度因人而异，受到多种因素的影响。在人们的救援顺序中，我们隐约可以看到人伦关系所提倡的序列。

（5）成本—收益特征

成本和收益包含的内容比较多。一切因救援行为而增加身心负担和经济福利的减少都可以视为成本。例如，承担风险，体力、智力的投入，经济的投入，时间的投入等都属于成本。而收益是指救援他人的行为可以带来的助人者和被助者的福利的增加。很多前人的实验研究的成本和收益都是比较低的，而地震救援的例子中，两者都是比较高的。福利的影响（Jones，1991 的道德强度）变大后，人们的道德感知将会增加，这时利他行为与道德决策联系起来。按照结果主义的观点，最终的总福利最大化才是道德的。持这种道德观的人很可能在总成本小于总收益的情况下不采取行动。而持有道义论的道德观的人，则最终根据是否符合道德诫命而采取行动。但成本收益提高到一定程度时，人的认知努力将增加。

（6）被帮助者因素

被帮助者的特征会影响同情情绪、认知和态度，进而影响帮助者的决策。

①亲密性。亲密性跟责任也有一定的联系。例如，对于自己的亲人通常都有责任进行保护和帮助。这也是一种文化传统。亲密性还意味着心理距离的大小，人们更关心心理距离近的人，因为这更难逃避

责任。亲密性更容易引发同理心。亲密性更容易引发认知过程，因为熟悉程度高，人们信息处理的速度就更快。亲密性更容易带来高自我卷入程度。Batson and Shaw 认为当一个人接受了另一个需要帮助的人的立场、观点，同情情绪的强度受到两个因素的影响，即感知到的需要的迫切程度和依恋的强度。亲密性越高依恋强度越强，同情心的强度也将越强。

②被救助者的求助会极大地增加旁观者的救援行为。求助让旁观者更加难以逃避。（P2）"我走去喊我二哥他们那儿，他们那儿大概离我们有 500 米远，走到的时候，他也在那儿叫喊得很厉害，我们二嫂也是，让我帮着救人，那时候谁会考虑到老丈母娘，没有考虑，只是想到这个救出来再救下一个，救出来再说。"（P10）"还有很多孩子被压在下面，其中有一个孩子把我拉住说叔叔你快点救我吧。我就拉住他的手，安慰他，但没有办法，当时到的人也没有几个，最后我很不情愿地把他放下了，就跑到上面那个平房，找了些木架子，试着去挖……"

5 紧急救援伦理决策行为模型

本章对第 3 章紧急救援伦理决策行为的实证研究结论和第 4 章紧急救援伦理决策行为的质性研究结论进行总结，提炼出紧急救援伦理决策行为模型。

5.1 紧急救援伦理决策过程

根据第 3 章和第 4 章的研究，本书提出如图 5-1 所示的紧急救援伦理决策行为模型。

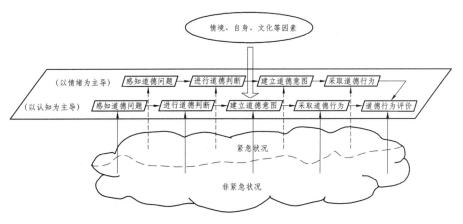

图 5-1 紧急救援伦理决策行为模型

救援伦理决策行为因情境不同而不同，不同情境下的伦理决策行为相互联系。自然灾害的发生和发展有着一定的规律，一般分为应急阶段、亚急阶段、恢复阶段等。应急阶段是指在灾害发生的短时间（通常只有几分钟）内的人们所处的情况。本书所指的灾害紧急状态是指的应急阶段。亚急阶段是指人们已逃离灾难现场，暂时不会有生命危险，但仍面临着未知风险的情况，这种状态属于一种非紧急状态。恢复阶段是指灾难发生后灾区恢复重建的阶段，不仅包括物质设施的重建还包括灾区人民心理健康的恢复。紧急状况不仅指外界环境状况，还指由此而带来的人的身心状况。例如，地震中的紧急状态就是地震冲击状态（Earthquake Shock），在强地震发生时及以后的一段时间里，人们面临的外部生存环境进入到一种陌生的新的状态之中，自然环境发生巨大变化，表现为高危险性、高风险性、隔绝性、快速动态演化性的危急状态。紧急状态还包括处在上述环境中的人的状态。在经历了逃生之后，人们面对上述的环境，进入了一种特殊的身心状态，表现为身体的疲惫、心理的紧张，复杂的情绪、简单的认知和思维过程。紧急状态的持续时间随着周边损失的严重程度和其他信息的更新速度而不同。损失小，信息更新速度快，则这种状态维持的时间短，甚至可能根本就不出现。外界环境随时间在演变，紧急状况经历一段时间会演变为非紧急状况。非紧急状态的伦理决策行为与非灾害的正常状态下的伦理决策行为没有太大的区别。

紧急状态下的伦理决策行为是以情绪为主导的决策过程，而非紧急状态下的伦理决策行为是以认知活动为主导的决策过程，这类似于行为决策理论关于人在不同认知系统下的行为的描述。行为决策理论和心理学研究者认为，人类主要有两种信息处理和决策模式。其中系统 1 依赖直觉和情感，具有快速、自发的特征。在此模式下，主体通过一系列认知捷径（mental shortcut）自动获得解决方案。系统 2 则要求主体审慎地进行逻辑分析，相比系统 1，属于慢速思考。[1]

如图 5-1 所示，紧急状态下的伦理决策行为和非紧急状态下的伦理决策行为都可以划分为不同的阶段，这个阶段的划分类似于 Rest（1986）的"道德决策四段论"，主要包括道德（问题）感知、道德判断、道德意图、道德行为。紧急状态下的伦理决策行为道德感知阶段

---

[1] 诺贝尔经济学奖获得者丹尼尔·卡尼曼（Daniel Kahneman）《思考，快与慢》（*Thinking, Fast and Slow*）。

有时并不明显，而非紧急状态下在道德行为之后往往还存在道德行为评价阶段。紧急状态下一般不存在道德行为评价活动，但情境由紧急状态转化为非紧急状态时，人们可能会对其在紧急状态下的行为进行道德评价。我们也注意到在一些更为特殊的状态下，例如巨大危险降临的瞬间，人们的伦理决策过程几乎是观察不到的，但却表现出了显著的伦理行为。例如地震时紧急避险中的伦理决策行为表现为没有思考过程或者说没有决策过程的利他行为。在地震紧急避险过程中，几乎观察不到人们进行伦理决策的过程，但我们观察到了普遍存在且非常一致的道德行为即利他行为，那就是人们在发现地震发生或危险来临时，会发出警告信息，引起其他人的注意，加速其他人的避险反应，从而帮助其他人逃离危险。另外，在上述模型中，不同状态下各阶段的内涵也具有非常大的差异。

道德（问题）感知（Moral Recognition）是伦理决策行为模型中的第一个阶段，道德感知被理解为对情境的领悟和解释，是对道德困境的识别和对行为如何影响别人福利的觉察。例如在地震发生时，你和一个朋友一同从房间里向外跑去，在你跑出来时你的朋友被困在房间里，你救不救他？如果你有这样的心理活动说明你已经感知道德问题了。相比非紧急状态，紧急状态下个体有时不容易感知到道德问题。因为在紧急状态下，个体往往处于极度慌张和情绪被高度唤起的状态，会更多地关注自己的人身安全，这时人们很可能意识不到面临的道德困境。而在非紧急状态下，人们的认知活动更为活跃，情绪的唤起程度有所降低，人的反思活动增多，因此更容易意识到道德问题的存在。

模型中的第二个阶段是道德判断（Moral Judgement），道德判断是个体评价特定状况下应当采取理想道德行动的过程，即从道德角度而言哪种行为是最合理、最合适的。如果你已经面临着一个道德问题，那你肯定会有思想判断的过程，例如在上述的逃生情境中，你会想如果不救朋友，他肯定会受伤，并且自己可能会认为自己有点"不道德"；如果要救朋友自己的生命安全将得不到保证等问题。上述过程即道德判断的过程。不同状态下人们在进行道德判断时的内容和侧重点有所不同。在紧急状况下人们倾向于采用功利主义的原理来进行决策。在非紧急状况下人们倾向于用多种道德哲学来进行决策，并且决策回避、反事实思考等心理过程都会出现。

模型中第三个阶段是道德意图（Moral Intention），道德意图反映个体将道德价值置于其他价值（如财富、权利、名誉）之上的意愿，反映了个体依道德判断而行的意向。现在你面临一个困境——救不救朋友，如果更看重救朋友而非自身安全时，这就反映了你的道德意图。道德判断、道德意图这两个过程在紧急状态下是简短的、由情绪主导的，而在非紧急状态下，人们有更充裕的时间思考，这时的思考是理性认知主导的。

模型中的第四个阶段即道德行为（Moral Behavior），道德行为是指个体克服困难、不懈努力地执行服务于某个道德目标的程序，表现为一种道德行为的实施技能。如果你最终还是冒着更大的风险去帮助朋友，这就是道德行为。从人们的决策结果看，在紧急状态下人们更倾向于根据结果主义选择道德策略。例如，地震冲击状态下人们在面对困难和危险时仍然会（继续）展开救援，开展救援时人们一般首先想到的是自己负有责任的人。在非紧急状态下，人们的伦理决策表现出明显的思考过程，情绪已经不是影响伦理决策的最重要的因素，利弊的权衡成了伦理决策的依据。这种状态下的伦理决策表现出结果主义的倾向和利己主义的倾向，甚至非道德的行为也会出现。

模型中的第五个阶段，即道德行为评价。道德行为评价一般发生在非紧急状态下，紧急状态下采取行为后一般会在状态转变为非紧急状态时才会采取道德评价。因为一般在紧急状态下，个体面临的是高度危险的情况，情绪高度唤起，思考活动降到一个比较低的水平，因此人们不会去反思自己的行为。然而任何紧急情况都不可能一直持续下去，最终都会转化为非紧急状况。在个体逃脱了危险境况之后，行为评价就有可能会出现。道德行为评价是个体对之前行为的反思和评判的过程，评判这个行为是否合适、合理、正确，是否符合道德要求。反思常常会伴随决策后情感的发生，例如后悔是一种常见的反思情感。

5.2　影响紧急救援伦理决策行为的因素

根据第 3 章和第 4 章对伦理决策的影响因素的分析，可以认为影响人们伦理决策行为的因素主要有以下六类：① 情境因素（陌生性、危险性、时间压力、逃避可能性、情绪氛围、责任分散）；② 其他人的影响（其他人的利他行为、其他人的自利行为、其他人谴责、与其他人的利益关系）；③ 自身因素（价值观、道德观、责任、资源、能力、情绪、认知、身份、冲动、卷入程度）；④ 文化因素；⑤ 成本—收益特征；⑥ 被帮助者因素（亲密性、需要的迫切性、是否请求）。

第一，情境因素是触发人们不同伦理决策行为的最重要的因素，紧急的状态触发以情绪为主导的伦理决策行为，而非紧急状态触发以认知为主导的伦理决策行为。情境因素主要包括陌生性、危险性、时间压力、逃避可能性、情绪氛围、责任分散等维度。这些维度越是异常越容易唤起个体的情绪反应，情绪反应高到某种程度时人的认知能力就相对会下降，从而形成情绪主导决策的局面；相反当这些维度的水平降低时，人的情绪开始逐渐平复，人的认知开始活跃，这就形成了认知主导决策的局面。但这些维度的水平再次降低接近日常水平时，人们的情绪和认知活动都会下降，从而表现为日常的决策活动。

第二，其他人的影响会对人们的伦理决策行为形成示范作用和激励与约束作用。其他人的影响包括其他人的道德行为、其他人的不道德行为、其他人表扬和谴责、与其他人的利益关系等。其他人的利他行为和自利行为都会影响一个人的伦理决策，但两种行为均需在被观察到时才会产生影响，且利他行为与自利行为在一定情境中会相互作用。在紧急救援阶段，利他行为占据主导，大家都主动帮助别人，相互影响。但发生的个别自利行为会迅速感染到很多人。其他人的谴责可以阻止个别人的自利行为，同时保护利他的氛围。当帮助行为涉及被帮助者极大的福利时，利他行为会增加。

第三，自身因素，包括价值观、道德观、责任、资源、能力、情绪、认知、身份、冲动、卷入程度。价值观对动机有导向的作用，人们行为的动机受价值观的支配和制约，从自然灾害发生时人们如何逃生到后续的救援行动，价值观的影响是持续性的。而道德观只对道德判断具有显著影响，而对道德行为意图的作用并不显著。责任是指分内应做的事。个人责任的感觉或道德规范与其他诸如慈善捐助等亲社会行为紧密联系，那些有责任心的人都更为突出地表现出了道德行为。而在自我卷入程度高时，人们对自己的行为会更投入。价值观、道德观和责任影响着行为动机或者行为意愿，而决定其行为是否发生的另一个关键因素则是一个人所拥有的能力和资源。比如，在救援当中施救时缺少必要的工具，心有余而力不足。身份与责任相联系，同时也与个人的能力和影响力相联系，从而决定了其是否有能力采取利他行为。此外，认知与情绪相互作用，特别是在紧急救援中，时间的紧迫性等因素激发以情绪为主导的决策过程，冲动性行为常常出现。而在非紧急状态下，则会激发以认知为主导的决策过程，人们有时间去比较权衡，反事实思考（counterfactual thinking）等机制导致决策回避等行为偏误的发生。

第四，文化因素，如大众普遍接受的世界观、价值观、道德观、中国社会中的人伦关系等。文化因素中所隐含的价值观念在一定程度上左右个体的行为，当然也影响着人们的利他行为。尤其是中国传统社会中的人伦关系，如父子、夫妇、兄弟及朋友及各种尊卑长幼关系，在一定程度上反映了人们之间亲密度和相处之道。而在紧急救援当中，条件允许的情况下亲密性（proximity）决定了救援顺序。但是市场经济的伦理观念中涉及的利益观念正在侵蚀这些传统的观念，从而影响着个体的道德判断和行为意图。总体来讲，在人们的救援顺序中，我们隐约可以看到人伦关系所提倡的序列。

第五，成本—收益特征，一切因行为而增加身心负担和经济福利的减少都可以视为成本。例如，承担风险，体力、智力的投入，经济的投入，时间的投入等都属于成本。而收益是指行为可以带来的助人者和被助者的福利的增加。结果主义的道德哲学一直就是关心成本和收益的，因此成本和收益的改变会改变人们的伦理决策行为。在地震救援的例子中，成本和收益都比较高。福利的影响（如 Jones 的道德强度，1991）变大后，人们的道德感知将会增加，这时利他行为与道德决策联系在了一起。

第六，被帮助者因素，如亲密性、需要的迫切性、是否请求等。被帮助者的特征会影响帮助者的同情情绪、认知和态度，进而影响帮助者的决策。亲密性跟责任有一定的联系，还意味着心理距离的大小，人们更关心心理距离近的人，因为这更难逃避责任。这些均会影响个体或者群体的救援选择。亲密性更容易引发认知过程，因为熟悉程度高，人们信息处理的速度就更快。亲密性更容易带来高自我卷入程度。亲密性越高依恋强度越强，与自己的关系越强，同理心的强度也将越强。最后，被救助者的求助会激发旁观者的责任心、道德感等，让旁观者更加难以逃避，极大地增加旁观者的救援行为。

6 防灾减灾救灾对策

6.1 应急救援体系的建设

6.1.1 完善法律法规

营救人员、疏散撤离现场、减缓事故后果和控制灾情等应急救援活动需要众多部门及人员的密切配合，而法律是应急救灾活动顺利高效开展的重要保障，我国迫切需要完善防灾救灾法律法规，以法律的形式规范应急救援体系建设、应急资源配置、防灾减灾教育培训、防灾减灾社区建设等方面的内容，规定各级政府及机构对防灾减灾活动的责任，并据此制定防灾减灾活动的纲领。

通过灾害中伦理决策行为的研究，我们发现责任对伦理决策具有显著影响，以法律的形式明确各级防灾减灾机构和人员的责权任务能促使这些人员在灾害发生时更倾向于做出保护他人生命财产安全的行为。此外，研究中我们还发现地震发生时的决策回避现象会延误救援时机，地震发生一段时间后，人们在伦理决策时更倾向于发生利己行为，此时若缺乏规范就会出现哄抢救灾物资等不良现象。因此，制定应急救援和灾后重建阶段的法律法规就显得尤为重要，完善防灾救灾法律法规对建立良好的应急救援体系具有重要的意义。

6.1.2 加强应急救援队伍建设

应急救援队伍是灾害救援过程中的坚实力量，它的建设情况直接关乎应急救援工作能否顺利开展，自然灾害造成的恶劣条件致使应急救援队伍必须具备作风优良、素质过硬、装备精良等特性，以确保应急救援活动的正常开展。根据防灾减灾活动的内容可知，应急救援队伍的人员构成必须包含防灾知识宣传人员、防灾救灾培训人员、直接救援人员、救援指挥人员、物资调配人员、医务人员以及心理援助人员等。通过灾害中伦理决策行为的研究，我们发现灾区人员与外来救援人员的道德判断不同，为了降低救援过程中发生矛盾的频率，应急队伍在建设的过程中最好能招募一些灾害多发地区的人员。此外，对于应急救援队伍的培训要有规可循，制定适宜的训练大纲和相应的模拟训练标准是必不可少的。同时训练应该是可分阶段、可持续、多元的，可结合消防部队、武警、公安等部门所分配的任务，开展以管制交通疏散、组织公众逃生、应急预案启动等主要内容的训练和演练，不断提升实战运用水平和各部门协同救援能力，从而最大限度利用有限资源提高救援的效率。

6.1.3 提升应急救援指挥能力

应急救援活动一般需要众多部门及人员的密切配合，发生重大灾害时部队、消防官兵、志愿者、各类救援机构短时间内迅速向灾害发生地集结，如果缺乏合理的指挥，很容易造成灾害发生地进出口的拥堵，救援人员和救灾物资无法到达灾区，灾区的伤员无法运送到外面医治等问题，进入灾区的救援人员如果缺乏统一指挥也会出现资源配置不均等现象，产生"1+1<2"的现象。

想要保障应急救援活动高效有序地进行，合理完善的应急救援指挥体系必不可少。而应急联动指挥部的建立则是应急救援活动的关键。一般由当地党委或政府分管领导担任总指挥官，以便于灾害发生时能较好地开展协调和防控工作，灾害发生时为促使更多利他行为的发生，应该明确各救援机构的职责任务，确保救援活动有序高效的进行。此外，对现有信息资源的整合能力也是应急指挥能力的重要体现。应急救援指挥部需要将部队、消防官兵、志愿者、各类救援机构以及灾区自救人员迅速整合起来，实现不同组织机构之间的数据共享、信息互通，建立优势互补、资源共享、权责分明的应急反应系统，以确保资源信息的有效利用。

6.2 优化救灾资源配置

6.2.1 制订应急救援物资储备计划

首先，准确预测到灾害发生的水平是几乎不可能实现的，因此，各级政府在灾前应当做好各项应急计划和应急战略部署，预测可能发生灾害的地区和相应的救灾物资需求，加强救灾物资储备库建设。各相关部分需要结合区域特点，合理规划、科学选址，同时与上下级单位做好沟通联系，做到分级响应和分级链接，从而构建多层多级的救灾物资储备网络，形成良好的储备格局，提高灾害应急能力。同时，救灾物资储存点选址对于物流、社区和医疗服务建设等方面的都是极其重要的。存储点的选址不仅需要考虑交通便利性，运输成本高低以及存储数量的多少，同时也需要注意灾害发生时选址对于救援行动以及资源分配的影响。

其次，运用现代信息技术建立救援物资储备数据库，通过物资入库验收制度实现对质量的严格监控。对入库的物资编制分类目录，信息录入储备数据库。利用网络链接等技术，各地数据库可以随时随地共享信息，从而达到物资储备体系的协调及资源共享的目的。建立物资清查制度，清查人员必须严格遵守清查制度，对物资的种类、数量和质量进行及时的检查与记录。同时还可以利用网络技术对物资进行实时监控，做到"查漏补缺"，及时做好物资更新。

最后，规范储备物资的日常管理制度，对物资入库、出库、存放和回收等各个工作环节的流程进行规范或标准化，防止物资在储备过程中发生流失、变质或不当的损耗，尤其需要避免不必要的丢失或者毁坏。制定针对管理人员的奖惩制度，增强储备物资的安全性。

6.2.2 提高救灾资源分配机制的合理性和公平性

灾害发生时，救灾物资分配过程中往往出现不足或者不均的现象，这主要有两方面的因素：① 分配机制不够灵活；② 物资分配制度不够明确。具体来说，首先灾害发生时和恢复重建期这两个阶段灾区民众在情绪和认识上是有区别的。如地震发生瞬间，房屋倒塌、通讯中断、食物匮乏等问题严峻。地震冲击带来的影响使得灾民缺乏理性思考、悲伤、恐惧、害怕的情绪对民众行为的选择起到了主导作用。如果在此时没有考虑受灾民众的情绪而过度强调"公平性"、忽视"合理性"，反而可能引起民众的抱怨或者不满，干扰救援人员分配物资，造成物资分配迟缓，分配不均和分配不足等不合理现象。而在灾区重建时期，各地区对于救援物资的需求并不是特别紧急，而此时的灾民正逐渐从灾难中恢复过来，理性认知在其行为选择中的作用强于情绪。也就是说，灾害发生后的不同时间段，民众的反应以及由此产生的舆论是有较大差异的，而资源分配原则应当考虑灾区民众在不同阶段的反应，并在此基础上建立与灾害救援各个阶段相适应的资源分配机制。

其次，应急资源的调拨和发放要科学有效。可以把灾害发生后可能出现的状况及其应对策略编制出来，据此建立科学的应急资源预测体系，根据不同灾害下不同物资的需求特点，形成一个自动调度系统，通过合理规划把有限的资源分配到最适宜的地方，提高资源使用效率和物资分配的合理性。再者，应当明确应急储备物资的调拨和使用权限与程序，禁止任何人在无权限或乱用权限的情况下调拨物资。对于通过不法手段使用应急物资，给社会国家带来危害的人员则严惩不贷。此外，利用互联网建立共享的应急物资信息系统，一方面便于资源的合理调配和运输路线的有效规划，另一方面可随时了解国家、省级、地市、县级资源储备动态。

6.2.3 完善救援资源信息公开制度，加强各方监督

当严重性灾害发生时，为了抢险救灾并维持社会秩序，政府应当起到主导作用，应尽快公布所采取的应急措施。救援资源管理使用制度中应当明确资源的发放要做到"账目清楚、手续完备、群众知情、多数人满意"。还可通过建立信息发布制度公开资源需求信息、物资储备信息、物资调出信息和物资使用信息，从而提高救援资源管理使用的透明度、合法性和公正性，在一定程度上避免救援资源的滥用。不断拓宽监督渠道，相关部门可以综合考虑，整合各个监督主体，实施自上而下，由内到外的监督机制。丰富监督形式，利用社会媒体的力

量，借助网络监督，增强网络曝光手段，设置举报电话、举报邮箱，降低投诉成本。完善救援资源审计监督制度，加强对救援资源的纪律检查和法律检查。

对于社会慈善机构来说应当积极响应政府的相关制度法规，并严格规范自身的行为。例如进行捐赠的部门，应当通过媒体或者网络平台公开捐助物资的来源、数量、种类和去向，并及时更新捐助物资的信息。而受捐赠的部门，同样应当对救援资源公开，详细说明救援资源的使用情况，定期与捐赠部门进行沟通，主动接受媒体、公众乃至国际社会的监督。各地方政府可以通过制定捐赠条例规范捐赠程序，使得通过捐赠的救灾资源能够得到合理有效的使用。此外，救援资源信息公开形式应该多样化，如官方媒体、权威的新闻发布会、广播、电视、互联网、短信平台、知名人士等。政府可通过制定相关的信息传播制度对信息公开进行规范并保障信息的真实性，从而能够让群众切实了解资源分配的进程，能够根据信息进行有效的监督。

6.3　考虑伦理的紧急救援资源调配建模方法

救援资源调配是紧急救援工作的一个核心问题。由于紧急搜救资源配置关系到受灾群众的安危与健康，因此，不可避免地要面对伦理问题。一般而言，人的生命是平等的，每个人都有同等追求生存的权利，然而，紧急搜救资源通常是有限的，资源的有限性使得其配置不得已要有一个次序，获得救助越早，人生存和健康的机会越大。在这种情况下，紧急搜救资源配置过程中各相关主体不可避免地面临着各种道德困境。运筹和管理科学视角下的救援资源配置主要关注资源配置的（科学）效率问题，而紧急救援资源配置问题的特点和震后救援资源调配的实践均表明对伦理和人道问题的忽视是有危害的。那么救援资源配置应当如何兼顾伦理原则呢？

6.3.1　紧急救援资源调配决策问题描述及分析

大型自然灾害发生后，救援活动按目的和活动的特征通常被划分为多个阶段（Yan 和 Shih，2007；施佑林，2004；Chang 和 Nojima，1998），学者基本上一致认为第一阶段为紧急救援阶段，主要进行救灾物资、救灾人员等的运输和紧急救援活动，没有任何经济活动。本书中紧急救援资源调配主要指灾后紧急救援阶段的资源调配问题，即地震灾害发生后，紧急组织救援资源并将这些资源利用交通网络和运输设备调配到各相关区域的决策问题。地震灾害紧急救援资源调配一般涉及的区域包括：紧急营救区域、平稳区、修复区域（道路设施的修复，以便打通救援道路，可以将伤员运出，将救援物资运往紧急营救区域）、救援物资站点（物资存放和中转点）、医疗点（医院、临时医疗点、伤员收治点）等区域或地点。而紧急救援资源则通常包括：搜救设备、医疗、急救、卫生防疫器械和药品、食品和水、帐篷、棉被、衣物和生活日用品、防护用品、道路抢修资源、次生灾害预防资源、运输、装卸设备、各类救援人员等九大类资源。

　　资源优化配置是运筹学和经济学领域被广泛研究的一类问题，灾后紧急救援资源的优化配置具有与一般资源配置不同的新特点：① 灾后紧急救援资源优化配置的目标与一般资源优化配置的目标不同。运筹和经济学中通常以成本、时间或者效用为资源优化配置的目标，而灾后紧急救援资源调配一般不过多考虑成本问题，紧急救援资源的配置根据救援阶段不同而有所不同，尤其是在灾后的前期阶段，最主要的目标是救死扶伤，为灾区群众提供人道主义救援。② 震后紧急救援资源的状态具有动态性，同时紧急救援资源的优化配置也受到多种因素的约束。救援资源是维持和保证受灾群众的物质基础，等待救援的人员的生命状况具有随机时变特征，因此救援资源的需求具有紧迫性和时变特征。同时，由于大量救援资源需要灾区之外提供，资源不断被运送到受灾地区，资源的供给具有一定的动态性。另外，在资源调配决策中还需要考虑多种约束条件，例如道路交通情况（道路长度、最大速度、限高、限重等因素），运输工具数量和类型，各类救援人员数量，各类救援资源数量等都可能成为资源调配的制约因素。③ 大规模灾害发生后，次生灾害发生的可能性一般较大，例如伴随地震的发生，火灾、水灾、恶劣天气等次生灾害也常常出现，次生灾害的发生进一步增加了紧急救援资源配置决策条件的不确定性，增加了决策的难度。④ 救援资源具有公共产品的性质。由于救援资源的内容涉及受灾地区所有社会成员的共同基本需要，其服务目标是保护受灾群众的共同利益，救援资源的获得和使用排除了竞争性和排他性，因此可以说紧急救援资源具有公共产品的性质。

6.3.2 在救援资源调配中考虑伦理问题的方法

紧急救援物资调配决策涉及法律和伦理、人道方面的因素，不能单纯由运筹学方法来获得。运筹学方法利用最大化原理来确定最优解，最优解排除了主观方面的感受和人道、伦理方面的考虑，试图彰显问题（自然）科学的一面。这显然不能完全满足紧急救援资源调配决策的需要。因此，紧急救援物资调配决策应明确运筹学方法与伦理、人道原则各自的边界，然后将它们有机结合起来。

本书将在救援资源调配决策中考虑伦理问题的途径分为两个层次，即在决策模型中考虑伦理因素和在决策过程中考虑伦理因素。这两种作法类似于 Le Menestrel 和 van Wassenhove（2004）的"ethics within OR models" 和 "ethics beyond OR models"。

当前，关于紧急救援资源配置问题的研究多以资源调运总时间最小化为目标函数，其目标函数可以一般性地表示为：

$$\min T = \sum_{i,j} t_{ij} \qquad (6\text{-}1)$$

其中，T 表示救援资源调运的总时间，t_{ij} 表示救援资源到达第 i 个受灾地点的第 j 个困陷人员所用的时间，$i = 1, \cdots, N_d, j = 1, \cdots, N_i^f$，$N_d$ 表示受灾地点数量，N_i^f 表示第 i 个受灾地点的困陷总人数。

资源调配总时间最小化为目标函数的资源配置方案不能保证实现总生存人数最大（死亡率最低）的目标，这一点在震后紧急搜救资源配置中表现得尤为突出。若以 S 表示总期望生存人数，$s_{ij}(\cdot)$ 表示第 i 个受灾地点的第 j 个困陷人员的生存函数，则由保险精算的个体风险模型可知，紧急搜救资源配置中的期望生存人数最大化的目标函数可以表示为：

$$\max S = \sum_{i,j} s_{ij}(t_{ij} + \Delta) \qquad (6\text{-}2)$$

其中，i、j 及 t_{ij} 的含义同上，Δ 表示困陷者被搜救队救出所用的平均时间。

可见，以生存人数最大化目标代替总时间最小化目标，其本质是以时间的效用函数代替时间本身来进行优化。在此基础上，可以从两个角度考虑在紧急救援资源调配模型中考虑伦理的方法。

① 直接将伦理因素作为多目标函数的一个/多个目标，如式（6-3）所示。

$$\max F^1 = (s_{ij}, e_k \mid i = 1, \cdots, N_d, j = 1, \cdots, N_i^f, k = 1, \cdots M) \qquad （6-3）$$

其中，$s_{ij}(\cdot)$、N_d、N_i^f 的含义同上，e_k 表示第 k 个伦理目标，M 表示伦理目标的总个数。

② 通过多目标函数各目标之间的关系（函数 f^2）来体现伦理问题，如式（6-4）所示。

$$\max F^2 = f^2(s_{ij} \mid i = 1, \cdots, N_d, j = 1, \cdots, N_i^f) \qquad （6-4）$$

其中，$s_{ij}(\cdot)$、N_d、N_i^f 的含义同上。

在式（6-3）中，可以将多个因素作为伦理目标，例如环境代价、社会影响、风险分担等，但是困难的是各目标的权重不容易确定。权重的确定是一个主观性很强的工作，层次分析法的两两比较方法提供了一种确定权重的思路，但是伦理、人道与运筹学目标有时是无法比较的，甚至伦理、人道目标自身有时也可能存在冲突。犹豫不决往往给救援工作带来更大的伤害。如果放弃最优目标的奢望，采取客观最优与主观可接受标准，问题将得到解决。这种做法实际上赋予了某些伦理、人道目标绝对的权重，而将另外某些目标的权重降低，以适应这种无奈。

在式（6-4）中，要求对 $s_{ij}(\cdot)$ 的权重问题以及各 $s_{ij}(\cdot)$ 与 S 的关系问题进行分析，以体现紧急救援的伦理原则。例如是否考虑每个待救援人员生存机会相等即各 $s_{ij}(\cdot)$ 相等的问题；如何考虑各种代价的约束函数等。

6.3.3　应用举例：地震紧急救援资源调配

接下来，本书以"5·12"汶川地震某地区的救援为例，讨论考虑伦理问题情况下的紧急救援物资的配置问题。本书采用《震后紧急搜救资源配置》一文中的数据（李良等，2009），假设有 14 个受灾地点，每个受灾地点都有人员囤陷在建筑物中，共有 30 组搜救人员和相应的物资可以使用，资源集中在受灾较轻的第 14 灾点。本书考虑在兼顾资源分配的公平性与效率问题的情况下进行紧急搜救资源的调配，与原文采用相同的参数表示方法和相同的假设（由于篇幅限制，这里不再赘述，请读者参见原文[①]）。

采用书中前文所述方法，在原文的模型中增加一些资源分配公平性的目标。所得模型如下：

$$\max \sum_{i=1}^{N^d} \sum_{j=1}^{N_i^e} S_{ij}(T_{ij}) \tag{6-5}$$

$$\min \left(\frac{X^i}{N_i^e} - \frac{N^r}{\sum_{i=1}^{N^d} N_i^e} \right) \quad i = 1,2,\cdots,N^d \tag{6-6}$$

$$\text{s.t.} \quad T_{ij}^{r\,sec\,ue} = f(\text{Type}_i, X^i) \tag{6-7}$$

$$T_i^{\text{trans}} = g(A, D, R) \tag{6-8}$$

$$\sum_{j}^{N^d} x_{ij} \leq r_i^1, \quad i = 1,2,\cdots,N^r \tag{6-9}$$

$$T_{ij} = T_{ij}^{r\,sec\,ue} + T_i^{\text{trans}}, \quad i = 1,2,\cdots,N^d, \quad j = 1,2,\cdots,N_i^e \tag{6-10}$$

$$x_{ij} \geq 0 \text{ 为整数}, \quad i = 1,2,\cdots,N^r, \quad j = 1,2,\cdots,N^d \tag{6-11}$$

其中，式（6-6）为新增加的目标函数，表示每个灾点所获得的救援资源与其囤陷人数的比与总救援资源与总囤陷人数之间的比的差值最小化，从而每个灾点的受灾群众可以更公平地获得救援资源。其他公式的含义与原文的含义相同。在与原文作相同假设的情况下，采用公平优先，兼顾效率的原则进行资源配置，即先按人员比例配置救援资源，然后按照 More Expected Survivals in Each Allocation（MESEA）方法（李

① 李良，郭强，李军. 震后紧急搜救资源配置[J]. 系统工程，2008（8）：1-7.

良等，2009）对配置方案进行调整。配置方案和救援效果和原文的对比如表 6-1 所示。

表 6-1　配置方案和救援效果对比

灾点	1	2	3	4	5	6	7	8	9	10	11	12	13	14
原文的资源配置方案	8	11	0	1	2	2	1	2	1	0	0	0	2	1
原文各灾点期望救援人数	58.1	86.4	0	7.7	16.5	15.9	7.3	15.6	8.0	0	0	0	16.7	9.1
本文的资源配置方案	8	7	1	1	1	1	2	2	1	1	1	1	1	1
本文各灾点期望救援人数	58.1	55.0	6.5	8.0	8.3	7.9	14.6	15.6	8.0	6.4	5.6	5.7	8.5	9.1

从上表可以看出，采用公平优先，兼顾效率的救援资源配置策略，可以使各个灾点的受灾人员得到更平等的得到救援的机会，但同时也要付出相应的代价，例如总期望救援人数由单一目标下的 241 人减少到 217 人。

6.4　教育和培训

6.4.1　加强信仰的培养，树立正确的道德观

灾害发生，面对生离死别，救援人员和灾民在精神上和情感上承受巨大的压力，在作决策时都很难理性，甚至来不及思考就已经行动了。尤其是对于救援人员提供帮助的动机可能是利他主义，职责所在，甚至是利己动机，比如救助行为可以使救援人员得到奖励。也就是说，救援行动并非是全部出于道德的动机，但是一般而言，他们会通过道德判断来衡量是否提供帮助。本书第 3 章中已经证明宗教信仰对人的道德判断具有显著影响。换句话说，地震救援当中出现的一些利他或者利己行为在某种程度上与个体的信仰有关。信仰作为一种精神产物，是人在长期的生活或者教育中形成的。信仰缺失的人，由于没有了价值标准，内心失去了行为准则，常常会做出不道德甚至是威胁他人、

不利于社会和谐的行为。而拥有信仰的人，不仅能够时刻规范自己的行为，积极进取，同时能够引导他人共同进步和发展。不但是个人有信仰，国家和民族也应当有自己的信仰，并且在一定程度上国家和民族的信仰会引导个人的信仰，这样会使一个国家或民族在大潮流的推动下不断地向一个方向前进。因此，加强信仰的培养要从小开始，各级政府部门、相关单位通过制度要求，加大学校等教育机构在信仰培养方面的投入力度，社会媒体等在舆论上要为此营造和谐的社会氛围。

其次，灾害情境对个体的道德判断和道德行为都会产生影响，这种影响在一定程度上会导致两者之间矛盾的产生。比如救援人员在看到受灾人员时，在道德判断上他会认为应该进行救助，但是由于同时意识到提供帮助会给自己带来危险，从而在行为表现上是不进行施救，即道德判断的结果是不道德的行为。追究其根本原因是道德观不够深刻，在关键时刻对道德行为的作用变成了负向，所以产生了不道德的行为。此外，研究发现个体的道德观会影响道德判断。道德观指的是人们对自身、他人和所处世界关系的系统认识和看法，所以它的形成不仅与个人的特性有关，也与其成长环境密切相关。作为一种社会意识，道德观对个人和社会有显著的导向作用：先进的道德观起促进作用，落后的道德观起阻碍作用。比如面对同样的受灾人员，有的人会认为应该进行救助，而有的人则反对救助。因此，树立正确的道德观，增强民众的道德意识，不仅有利于个体自身素质的提升，同时也有利于社会主义和谐社会的构建。

6.4.2 加强技能培训，明确责任分工

第一，掌握有效的自救方法。我国民众对灾害知识了解较少，灾害应对知识欠缺。对于自救人员来说，在灾害发生时，他们有意识进行自我保护，但往往方法不恰当。比如地震发生瞬间，有人直接从高层窗户跳出，结果当场死亡。因此掌握恰当的安全保护措施，不仅有利于提高生还率，同时可以促进救援活动的有效展开。学校和培训机构可以通过制订培训计划，定期开展培训活动。培训形式多样，如观看视频，防灾演练，知识竞答等。对于施救人员来说，培训机构通过编写救援手册，加强对施救人员技能的培训，增强其应对突发事件的

能力。此外可以通过一些经验总结大会，对已有的救灾活动进行回顾和学习。培训机构也可以编写注意事项，提醒施救人员保障自身的安全。最后，对于处于灾害发生后不同阶段、不同区域的人来说，由于面临的情境和所处的视角不一样，在自救或者施救过程中的心理状态和道德判断也是不一样的。对此，培训计划应当分类分级，从而使得民众能够掌握灵活适宜的自救或施救技巧。

第二，明确责任，提高救援水平。紧急救援中，决策回避在一定程度上会影响救援的效率，甚至会引起本可避免的死伤。为减少救援人员在救灾当中不必要的决策，应当在救援准则中明确施救人员的责任，其在日常培训注重责任意识的强化。同时通过制订合理的救援行动计划，明确救援准则，规范和流程，减少救援人员面临决策的机会。

6.5　社区防灾减灾建设

6.5.1　提高社区整体应急能力

研究中，我们发现受灾人员的自救行为是灾害发生后最先开始的紧急救援行为，因此基层应急能力对防灾减灾有重要作用。例如，地震发生后通讯、电力、交通等设施几乎处于瘫痪的状况，外面的救援人员需要很长一段时间才能到达灾区，而且地震受灾群众对当地的情况比较熟悉，具有外来救援人员不能匹及的优势，仅靠等待紧急救援人员施救就会延误最佳救援时机。如果自救人员具备较高的灾害应急能力就能大大降低灾害造成的损失，因此，提高人们的应急能力非常有必要。

社区是人们聚集在一起形成的一个生活上相互关联的组织，人口密度较大，一旦发生自然灾害如不妥善处理必然造成重大的人员财产损失，社区应急能力建设十分必要。"群防群治"是提升社区整体应急能力的有效方式，首先要建立群防群治队伍，由社区负责人牵头、社区居民积极参与组建社区群防群治灾害应急队伍，通过广泛宣传防灾减灾知识强化公众习惯性自我防范和自我保护的意识，然后根据训练对象不同，开展"基础应急能力训练"和"指挥型人才训练"，以针对性地增强社区居民的应急能力。此外，社区还可以计划性地在灾害高发期组织开展应急逃生演练，提升社区居民应急能力的同时，排查灾害隐患，完善减灾应急预案。

6.5.2　构建和谐社区

和谐的人际关系是和谐社区的重要体现，而人际关系的远近（亲密性）又是影响伦理决策行为的重要因素，自然灾害发生时人们的身体和心理状态表现为身体的疲惫紧张，强烈而复杂的情绪和简单的认知和思维过程。自然灾害发生时做出道德的行为出于一种自发动机。在这种情境和状态下人们在面对困难和危险时仍然会（继续）展开救援。开展救援时人们一般首先想到的是自己负有责任的人。亲密关系的水平可以看作与责任的强弱相对应，越是亲密的人越有责任去保护她/他。例如，人们都是首先对自己的亲人展开救助，在无法自行救出的情况下，人们的救援顺序才会根据客观条件的限制展开。

构建和谐社区是拉近居民人际关系的重要手段，居民良性人际关系需要和社区管理者共同创建。首先，社区管理者需要提供一个良好的社区环境并频繁组织一些丰富多彩的社区活动，以促进社区居民积极参与活动，这是构建良好的社区人际关系的物质基础。然后，完善的社区管理制度是构建和谐人际关系的重要保证，管理制度对居民的不文明行为起到一定的约束作用。此外，社团、社区居委会、志愿者协会等社区自治组织也是促进社区人际关系和谐发展的重要力量。建立和谐社区的情况下发生灾害会使居民因考虑亲密性而更多地发生保护其他居民人身财产安全的行为。

6.5.3　加强应急设施建设

自然灾害发生时，人们倾向于通过缓冲行为来观望以便为之后的行为做准备，比如站稳、靠墙、躺下。此时，人们在进行暂时性安全防护的同时也在寻找出逃时机。但是，慌乱的情绪等往往会误导人的判断，而身处灾害之中的人即便是做过相关培训，也很难做到临危不乱，这个时候就需要有醒目易懂的标识来对人们进行引导。如绘制社区防灾减灾地形图、标注安全出口、避难场所、疏散点的位置所在地以及与当前位置的距离、地震强度警报、常见的防护手段等。

应急设施建设是社区防灾减灾建设的重要内容，除上述各类防灾减灾标识外，选定、建造避难场所和筹措防灾经费也是应急设施建设内容里的重要部分，选用社区旁边的公园、露天停车场或其他空地作为避难场所，并在进行防灾减灾训练的过程中利用避难场所进行救灾演习，使社区居民建立灾害逃生的自发启动程序，在灾害发生时降低居民的生命和财产安全；此外，筹措并设立防灾经费可以在灾害发生前为社区居民购置一些防灾应急小设备，以备在发生灾害时居民可以利用提前准备好的应急小设备降低自己或他们的生命财产损失。

6.6　媒体的报道和宣传

日常生活中，新闻媒体就有必要对灾害的相关知识进行宣传，包括灾害发生前的迹象、如何判断、如何逃生、如何自救、如何营救等。也可以在如学校、医院报栏、广场等各种公共场所贴上海报，做灾害逃生宣传片放在广场、机场等场所轮回播放，媒体还可和学校、企业合作开展灾害模拟逃生实验，目的是让群众了解相关内容。

媒体也应做好对相关政府部门的宣传工作以引起他们对防灾救灾的重视，让这些政府部门落实相关责任、加大经费投入，建立高效先进的应急救援系统，并对系统内部人员加强培训学习，始终让系统维持高效的状态。同时向公众报道救援体系的建设过程和最新动态，以获得群众的认可和支持。

灾害发生之后，营造良好的舆论氛围非常重要，新闻媒体要迅速、及时、准确地发布新闻报道，不能对事件夸大其词、危言耸听造成社会恐慌心理，也不能对新闻内容含糊其辞、模棱两可失去报道的准确性。要坚持正确的信息报道，为抗灾救灾和物资捐助营造良好的舆论环境。营造良好的舆论氛围主要包括以下几项：首先，新闻媒体要第一时间发布关于灾害的权威信息，包括灾害情况、次生灾害情况、人员伤亡、财产损失等。媒体应迅速向社会公众传达充分、详细、全面的灾情信息，满足人们的知情权，这样有利于安抚民众、妥善处理突发事件。其次是灾后救援情况的准确报道，包括救援进展、灾民安置、救灾物资和救灾资金的使用情况等信息，这些信息都要通过新闻媒体及时地向社会公开和通报，防止群众听信谣言，造成不安情绪。最后也最重要的是传递国家和政府对受灾民众救援的决心和信心、传递全国同胞都在关注着他们，他们必能获救的信心。当重大灾害发生时，救援非常困难，很多伤者要历经多天才能被救出，因此要给他们传达信息，让他们知道国家不会放弃每个人，让他们抱有必会获救的信念。同样也要关注已获救人员的情绪，他们虽已获救，但不得不面临家破人亡的事实，此时他们的情绪可能面临崩溃的边缘，安抚他们的情绪、给他们支持鼓励尤为重要。同时媒体也要注意到不同阶段群众的诉求，例如，在地震刚发阶段，新闻报道应注重受灾群众的伤亡情况；待救援部队到达灾区后应关注救援情况以及大家众志成城、齐心协力、不抛弃、不放弃的救灾目标；待救援物资到达灾区后，要及时报道物资补给情况和资金使用情况，做到透明、公开；待救援过程告一段落后，应关注受灾群众的心理感受，给予心灵上的安慰和辅导；灾区的重建工作是救灾结束后人们关心的话题，媒体要及时报道灾区的建设问题及人们的身体和生活状况。媒体的一些报道很容易引起人们的道德情绪，从而引发讨论和争辩，例如"范跑跑"事件。因此媒体在做相关报道时，要秉持客观、公正的态度，减少对新闻做片面评论或做任何会误导民众的解读。

6.7　心理援助

　　大型自然灾害会带给人们极其痛苦的体验，灾后家园易建，但心理创伤难愈。2008 年汶川地震的情景对灾区人们来说仍历历在目，那种痛苦深入骨髓、痛彻心扉，现如今仍有许多民众不愿提及当年事。地震后，国务院颁布了《汶川地震灾后恢复重建条例》，该条例明确规定灾区的各级政府要在做好地区重建工作时也要做好受灾群众的心理援助工作。

经历重大自然灾害时，个体往往处于一种应激状态，在这种状态下，个体通常会反应异常、认知异常、情绪波动较大、行为怪异。地震中亲人的失去、家园的破坏可能引起他们恐惧、悲伤、抑郁的心理，甚至灾后几个月或几年仍会出现痛苦回忆、噩梦、情绪烦躁等持续性的创伤体验。他们是灾难的直接受害者，对这种情况的灾民，援助人员应制订长期的心理援助工作计划，一步步降低他们的心理创伤程度，培养他们积极向上乐观的态度、培养他们面对困难的勇气、提高克服困难的能力。当然也有这样一群人，他们在地震中受伤，在面临要么死掉、要么残缺的情境下，他们做出了为生命放弃肢体的抉择，也许这是他们冷静思考后的决定，也许是他们当时处于孤立无助、内心极度痛苦下只为活着的决定，又或者是因其情绪崩溃、极度害怕的选择，但无论哪一种，他存活了下来。但待被地震打乱的生活恢复平静时，他们内心却焦虑、懊恼、烦躁、抑郁。因为他们可能会后悔自己的决定，因为这样的决定使自己不得不承受残缺的痛苦。对于这类人，援助人员应帮助其重新认识生命的意义和价值。

不仅是被救人员，有些施救人员同样需要心理援助，他们在灾难现场目睹了惨烈的灾后状况，尸横遍野、满眼都是房屋塌落人在废墟下痛不欲生、哀叹呻吟的场景。他们是灾害的次级受害者，体会到了灾难对生命和财产的严重威胁，他们虽是施救人员，但也有较高的恐惧心理，对于这些人，援助人员要不断对其进行开导，缓解他们内心的恐惧。当然对于施救人员，在地震时常常面临以下的情况：两个灾民都需要我的帮助，但以目前之力只能救一个，那该救哪个呢？这时施救人员就面临一个道德困境，对他来说，两个人都应该被救、因为他们都有获得生命的权利，但事实却只能让他救其中一个，他救了一个，另一个就会死掉。救援结束后他必然会因未救死去的那个灾民而感到痛苦、自责，即使回归正常生活这样的心理也一直伴随他，对这样的人，援助者应着重让他们试着释怀他们的情绪、放下心理负担，心理咨询师、心理治疗师等专业人士可为他们提供专业帮助，提供道德上的合法性辩护。

　　不论何种需援助的人员，援助人员（家人、朋友或专业心理辅导人士）的目标都是帮助他们恢复良好心态、恢复正常生活，并且都要以尊重、友爱的心去关怀他们。

7 结论与展望

本书在对自然灾害紧急救援所面临的常见道德问题及伦理决策相关研究状况进行综述的基础上，对自然灾害，特别是大型地震情境下人们在紧急救援中的伦理决策行为进行了定量和定性研究。本书提取了 6 个典型的自然灾害紧急救援情境，并设计控制了这些情境中的道德强度的不同维度，为紧急救援伦理决策研究提供了条件。通过分析可以看出，紧急救援决策情境具有自己独特的特点。对该类情境进行道德强度的操控存在着与其他情境类似的问题，即操控的维度与被试感知的维度并不总是保持一致，某一个维度的变化可能（常常）引发其他维度的联动。这说明 Jones（1991）的六个维度之间并不是完全相互正交的，在这种条件下处理数据时应当考虑感知道德强度在不同情境中的聚集效应。对各情境道德强度操控的检验，被试内和被试间检验获得了不完全一致的结论，可能的原因在于被试在进行道德强度感知时依赖于参考点的选取，两种检验方式为被试提供了不同的参考点，以及被试内检验时被试获得了比被试间检验时更多的关于道德强度的知识。这两种可能也指出未来进一步研究关于参考点和被试知识对感知道德强度的影响的必要性。

本书检验了在紧急救援情境下，感知道德强度、决策者的性别、年龄、道德观、宗教信仰等因素对道德判断和道德行为意图的影响。发现决策者信仰宗教与否以及道德观中的理想主义都显著影响道德判断，而性别和年龄对道德判断和道德行为意图无显著影响。在没有同时估计解释变量对道德判断和道德行为意图的影响效应时，感知道德强度对道德判断和道德行为意图都有显著的影响，并且显示道德判断是感知道德强度与道德行为意图之间的不完全中介变量。但当考虑研究数据在不同情境和不同被试中的聚集效应时，并且同时估计解释变量对道德判断和道德行为意图的影响效应时，道德判断并没表现为感知道德强度和道德行为意图的中介变量。这也说明考虑研究数据在不同情境和不同被试中的聚集效应是非常必要的。不同的中介模型估计方法之间可能并不一致，在估计中介变量的影响时，同时估计解释变量对中介变量和被解释变量的影响以及中介变量对被解释变量的影响是必须加以考虑的问题。这个研究结论也意味着对个体而言，道德判断和道德行为意图之间的联系是一个值得进一步研究的问题。

我们发现地震后震中区域的人在一定的时间段里的表现与其他区域的人和这些人在其他时段的表现非常不同。由于他们都经历了强地震，故我们将这些人所处的这种独特的状态命名为地震冲击状态（Earthquake Shock），用以描述经历突如其来的地震后的一种状态，包括环境状态，身处其中的人的情绪状态、认知状态、身体状态等。在强地震发生时及以后的一段时间里，人们面临的外部生存环境进入到一种陌生的新的状态之中，表现为自然环境发生巨大变化，高危险性、高风险性、隔绝性、快速动态演化性的危急状态。在经历了逃生之后，人们面对上述的环境，进入了一种特殊的身心状态，表现为身体的疲惫、心理的紧张、复杂的情绪和简单的认知和思维过程。这个状态的持续时间随着周边损失的严重程度和其他信息的更新速度而不同。损失小，信息更新速度快，则这种状态维持的时间短，甚至可能根本就不出现。

地震时紧急避险中的伦理决策行为表现为没有思考过程或者说没有决策过程的利他行为。在地震紧急避险过程中，几乎观察不到人们进行伦理决策的过程，但我们观察到了普遍存在且非常一致的道德行为即利他行为，那就是人们在发现地震发生或危险来临时，会发出警告信息，引起其他人的注意，加速其他人的避险反应，从而帮助其他人逃离危险。

地震冲击状态下人们的身体和心理状态表现为身体的疲惫紧张，强烈而复杂的情绪和简单的认知和思维过程。地震冲击状态下做出道德的行为是一种自发动机，在这种情境和状态中人们在面对困难和危险时仍然会（继续）展开救援。一般开展救援时人们首先想到的是自己负有责任的人。亲密关系的水平可以看作与责任的强弱相对应，越是亲密的人越有责任去保护她/他。例如，人们都是首先对自己的亲人展开救助，在无法自行救出的情况下，需要向别人求助，这时人们的救援顺序会根据客观条件的限制展开。在条件不允许或者亲密性没有达到一定水平时，人们是按照先到先救的顺序展开救援的。面临救助家人还是其他人的决策时，人们选择结果最优的可行策略进行救援。人并非不关心自己的家人，而是顾不上，或者有客观原因无法去关心、帮助自己的家人。当帮助自己亲人的动机没有办法得到满足时，人们会将利他行为扩展到别人身上，寻求心理的替代性满足。我们通过上述的救援顺序的分析可以发现，人们的救援顺序是按照责任的强弱顺序展开的，但具体的行为会受到外界条件的影响和约束。责任即外部因素，也可以称为外部责任，例如岗位所赋予的责任、职业所赋予的责任等，也是内部心理因素可以称为心理责任，例如爱所赋予的责任。综合上述分析，从人们的认知、情绪、行为表现等方面的表现，我们发现人们的行为在地震冲击状态下与平时有显著的不同。人们在决定帮助别人以及在实施这一决策时受到一种情绪的影响，在进行决策时人们没有表现出明显的利害权衡过程，从决策结果看，人们更倾向于选择结果主义的道德策略。

对于距离受灾中心远的区域，也有很多人参与了紧急救援，他们所处的状态与地震冲击的状态有很大的差别，尽管这些人可能也经历了地震逃生，感受到了恐惧，但两者在程度上有非常明显的差异。另外，他们地震后的周边环境也与地震冲击状态下人们的环境有很大差别。还有些区域虽然经历了短暂的地震冲击状态，但由于很快得到了外部的救援，很快有了信息的沟通，所以很快地震冲击状态即消失。在这种状态下，人们的伦理决策表现出明显的思考过程，情绪已经不是影响伦理决策的最重要的因素，利弊的权衡成了伦理决策的依据。在非地震冲击状态下人们的伦理决策行为都是经过利害权衡之后的结果，这个过程中复杂的认知过程和分析计算过程非常突出，情绪也伴随在决策过程中，但情绪的唤起程度和作用远不及地震冲击状态中的人们。这种状态下的伦理决策表现出结果主义的倾向和利己主义的倾向，甚至非道德的行为也开始出现。

影响人们伦理决策行为的因素主要有以下五类：① 情境因素（陌生性、危险性、时间压力、逃避可能性、情绪氛围、责任分散）；② 其他人的影响（其他人的利他行为、其他人的自利行为、其他人谴责、与其他人的利益关系）；③ 自身因素（价值观、道德观、责任、资源、能力、情绪、认知、身份、冲动、卷入程度）；④ 文化因素；⑤ 成本—收益特征；⑥ 被帮助者因素（亲密性、需要的迫切性、是否请求）。

　　在此基础上，本书提出了由情境驱动的，情绪主导和认知主导为基础的紧急救援伦理决策行为模型，并对模型的细节进行了解释。

　　本书是对大型自然灾害中紧急救援伦理决策行为进行的一次尝试性的探索，书中所提出的模型有待在更多的自然灾害情境中进行检验。自然灾害是认识人性和人的伦理决策行为的绝佳情境，期待着更多的研究力量投入进来，通过伦理决策行为的研究认识人，解放人！

参考文献

[1] Adams J. S. Inequity in social exchange[M]. New York: Academic Press, 1965.

[2] Ajzen I. The Theory of planed behavior[J]. Organizational Behavior and Human Decision Processes, 1991, 50(2): 179-211.

[3] Schleger A. H., Oehninger N. R., Reiter-Theil S. Avoiding bias in medical ethical decision-making: lessons to be learnt from psychology research[J]. Medicine, Health Care and Philosophy, 2011, 14(2): 155-162.

[4] Alexander C. S., Becker H. J. The use of vignettes in survey research[J]. Public Opinion Quarterly, 1978, 42: 93-104.

[5] Anderson C. J. The psychology of doing nothing: forms of decision avoidance result from reason and emotion[J]. Psychological Bulletin, 2003, 129(1):139-167.

[6] Awasthi V. N. Managerial decision-making on moral issues and the effects of teaching ethics[J]. Journal of Business Ethics, 2008, 78(1-2): 207-223.

[7] Barbarosoglu G., Arda Y. A two-stage stochastic programming framework for transportation planning in disaster response[J]. Journal of the Operational Research Society, 2004,55(1): 43-53.

[8] Barbarosoglu G., Ozdamar L., Cevik A. An interactive approach for hierarchical analysis of helicopter logistics in disaster relief operations[J]. European Journal of Operational Research, 2002, 140: 118-133.

[9] Barnett T., Bass K., Brown G. Ethical ideology and ethical judgment regarding ethical issues in business[J]. Journal of Business Ethics, 1994, 13(6): 469-480.

[10] Barnett T., Bass K., Brown G. Religiosity, ethical ideology, and intentions to report a peer's wrongdoing[J]. Journal of Business Ethics, 1996, 15(11): 1161-1174.

[11] Barnett T. Dimensions of moral intensity and ethical decision making: an empirical study[J]. Journal of Applied Social Psychology, 2001,31: 1038-1057.

[12] Baron J., Ritov I. Reference points and omission bias[J]. Organizational Behavior and Human Decision Processes, 1994, 59: 475- 498.

[13] Batson C. D. Self-other merging and the empathy altruism hypothesis: reply to Neuberg et al.[J]. Journal of Personality & Social Psychology, 1997, 73: 517-22.

[14] Batson C. D., Duncan B. D., Ackerman P., Buckley T., Birch K., Cialdini R. B. et al. Does true altruism exist? [M]//Taking sides: Clashing views in social psychology. 2nd ed. New York, NY: McGraw-Hill; US, 2007: 348-71.

[15] Bauer P. G. Conceptualizing and testing random indirect effects and moderated mediation in multilevel models: new procedures and recommendations[J]. Psychological Methods, 2006, 11(2): 142-163.

[16] Bies R. J., Tripp T. M., Kramer R. M. At the breaking point: Cognitive and social dynamics of revenge in organizations [J]. Antisocial behavior in organizations,1997:18-36.

[17] Borg J. S., Hynes C., van Horn J., Grafton S., Sinnott A. W. Consequences, action, and intention as factors in moral judgments: an fMRI investigation[J]. Journal of Cognitive Neuroscience, 2006, 18: 803-817.

[18] Broeders R., den Bos K., Müller P. A., Ham J. Should I save or should I not kill? How people solve moral dilemmas depends on which rule is most accessible[J]. Journal of Experimental Social

Psychology, 2011, 47:924-934.

[19] Browning J., Zabriskie N. B. How ethical are industrial buyers?[J]. Industrial Marketing Management, 1983,12(4): 219-224.

[20] Bucciarelli M., Khemlani S., Johnson-Laird P. N. The psychology of moral reasoning[J]. Judgment and Decision Making, 2008, 3(2): 121-139.

[21] Butler A., Highhouse S. Deciding to sell: the effect of priorinaction and offer source[J]. Journal of Economic Psychology, 2000, 21: 223-232.

[22] Butterfield K. D., Trevino L. K., Weaver G. R. Moral awareness in business organizations: influences of issue-related and social context factors[J]. Human Relations, 2000, 53: 981-1018.

[23] Charmaz K. Constructing grounded theory: a practical guide through qualitative analysis[J]. International Journal of Qualitative Studies on Health and Well-Being, 2006, 1(3): 378-380.

[24] Chia A., Mee L. S. The effects of issue characteristics on the recognition of moral issues[J]. Journal of Business Ethics, 2000, 27: 255-269.

[25] Chonko L. B., Hunt S. D. Ethics and marketing management: an empirical examination[J]. Journal of Business Research, 1985, 13(4): 339-359.

[26] Coughlan R., Connolly T. Investigating unethical decisions at work: justification and emotion in dilemma resolution[J]. Journal of Managerial Issues, 2008, 20(3): 348-365.

[27] Craft J. L. A review of the empirical ethical decision-making literature: 2004-2011[J/OL]. Journal of Business Ethics, 2012. https: //ssrn.com/abstract=2344521or http://dx.doi.org/10.2139/ssrn. 2344521.

[28] Dabholkar P. A., Kellaris J. J. Toward understanding marketing students' ethical judgment of controversial personal selling practices [J]. Journal of Business Research, 1992, 24(4): 313-329.

[29] Davis M. A., Andersen M. G., Curtis M. B. Measuring ethical ideology in business ethics: a critical analysis of the ethics position

questionnaire[J]. Journal of Business Ethics, 2001, 32(1): 35-53.

[30] Davis M., Johnson N., Ohmer D. Issue-contingent effects on ethical decision making: a cross-cultural comparison[J].Journal of Business Ethics, 1988, 17(4): 373-389.

[31] Dawson L. M. Women and men, morality and ethics[J]. Business Horizons, 1995, 38(4): 61-68.

[32] DeScioli P., Christner J., Kurzban R. The omission strategy[J]. Psychological Science, 2011, 22(4): 442-446.

[33] Deshpande S. P., Joseph J. Impact of emotional intelligence, ethical climate, and behavior of peers on ethical behavior of nurses[J]. Journal of Business Ethics, 2009, 85(3): 403-410.

[34] Dhar R., Nowlis S. M. The effect of time pressure on consumer choice deferral[J]. Journal of Consumer Research, 1999, 25(4): 369-384.

[35] Dhar R. Consumer preference for a no-choice option[J]. Journal of Consumer Research, 1997, 24(2): 215-231.

[36] Dhar R. Context and task effects on choice deferral[J]. Marketing Letters, 1997,8(1):119-130.

[37] Dornoff R. J., Tankersley C. B. Perceptual differences in market transactions: a source of consumer frustration[J]. Journal of Consumer Affairs, 2010, 15 (1): 146-157 .

[38] Dovidio J. F., Penner L. A. Helping and altruism[M]//Brewer M. B., Hewstone M. Emotion and motivation. Malden: Blackwell Publishing, 2004: 247-280.

[39] Epstude K., Roese N J. The functional theory of counter-factual thinking[J]. Personality and social psychology review, 2008, 12(2): 168-192.

[40] Feigin S., Owens G., Goodyearsmith F. Theories of human altruism: a systematic review.[J]. Annals of Neuroscience and Psychology, 2014(1):1-9.

[41]Feldmanhall O, Dalgleish T, Evans D, et al. Empathic concern drives costly altruism[J]. Neuroimage, 2004, 105: 347-356.

[42] Ferrell O. C. Gresham L. G. A contingency framework for understanding ethical decision making in marketing[J]. Journal of Marketing, 1985, 49(3): 87-96.

[43] Ferrell O. C., Gresham L. G. Fraedrich J. A synthesis of ethical decision models for marketing[J]. Journal of Macromarketing, 1989, 9(2), 55-64.

[44] Fiedrich F., Gehbauer F., Rickers U. Optimized resource allocation for emergency response after earthquake disasters[J]. Safety Science, 2000, 35(1): 41-57.

[45] Fishbein M. Ajzen I. Belief, attitude, intention and behavior: an introduction to theory and research[M]. Boston: Addison-Wesley, 1975.

[46] Flannery B., May D. Environmental ethical decision making and the U.S. metal-finishing industry[J]. Academy of Management Journal, 2000, 43(4): 642-662.

[47] Ford R. C., Richardson W. D. Ethical decision making: A review of the empirical literature[J]. Journal of Business Ethics, 1994, 13(3): 205-221.

[48] Forsyth D. R. A taxonomy of ethical ideologies[J]. Journal of Personality and Social Psychology, 1980, 39(1): 175-184.

[49] Fraedrich J. P. The ethical behavior of retail managers[J]. Journal of Business Ethics, 1993, 12(3): 207-218.

[50] Fraedrich J., Ferrell O. C. Cognitive consistency of marketing managers in ethical situations[J]. Journal of the Academy of Marketing Science, 1992, 20(3): 245-252.

[51] Frey B. F. Investigating moral intensity with the world-wide web: a look at participant reactions and a comparison of methods[J]. Behavior Research Methods, Instruments & Computers, 2000, 32(3): 423-431.

[52] Frey B. F. The impact of moral intensity on decision making in a business context[J]. Journal of Business Ethics, 2000, 26(3): 181-195.

[53] Fritzsche D. J., Becker H. Linking management behavior to ethical philosophy: an empirical investigation[J]. Academy of Management Journal, 1984, 27(1): 166-175.

[54] Gilovich T., Keltner D. Nisbett R. E. Social Psychology. [M]. 周晓虹, 等, 译. 北京: 中国人民大学出版社, 2009.

[55] Glaser B. G., Strauss A. L. The discovery of grounded theory: strategies for qualitative research[M]. Chicago: Aldine, 1967.

[56] Glenn Jr. J. R., Van Loo M. F. Business students' and practitioners' ethical decisions over time[J]. Journal of Business Ethics, 1993, 12(11): 835-847.

[57] Gowans Christopher W. Moral Dilemmas[M], New York: Oxford University Press. 1987.

[58] Greene J. D., Morelli S. A. ,Lowenberg K., Nystrom L. E., Cohen J. D. Cognitive load selectively interferes with utilitarian moral judgment[J]. Cognition, 2008,107(3):1144-1154.

[59] Greene J. D., Nystrom L. E., Engell A. D., Darley J. M., Cohen J. D. The neural bases of cognitive conflict and control in moral judgment[J]. Neuron, 2004, 44: 389-400.

[60] Greene J., Haidt J. How (and where) does moral judgment work? [J]. Trends in Cognitive Sciences, 2002,6(12):517-523.

[61] Greene J. D., Cushman F. A., Stewart L. E., Lowenberg K., Nystrom L. E., Cohen J. D. Pushing moral buttons: the interaction between personal force and intention in moral judgment[J]. Cognition, 1990, 111(3): 364-371.

[62] Greene J.D., Sommerville R. B., Nystrom L. E., Darley J. M., Cohen J. D. An fMRI investigation of emotional engagement in moral judgment[J]. Science, 2001, 293(14): 2105-2108.

[63] Haidt J. The emotional dog and its rational tail: a social intuitionist approach to moral judgment[J]. Psychological Review, 2001, 108: 814-834.

[64] Hanselmann M., Tanner C. Taboos and conflicts in decision making: sacred values, decision difficulty, and emotions[J]. Judgment and

Decision Making, 2008, 3(1): 51-63.

[65] Hare R. M. Moral thinking: its levels, method, and point[M]. Oxford: Oxford University Press, 1981.

[66] Hegarty W. H., Sims H. P. Jr. Some determinants of unethical decision behavior: an experiment[J]. Journal of Applied Psychology, 1978, 63: 451-457.

[67] Hoffman J. J. Are women really more ethical than men? Maybe it depends on the situation[J]. Journal of Managerial Issues, 1998, 10: 60-73.

[68] Hunt S. D. Vitell S. J. A general theory of marketing ethics [J]. Journal of Macromarketing, Spring, 1986, 6 (1): 5-16.

[69] Hunt S. D., Vasquez-Parraga A. Z. Organizational Consequences, Marketing Ethics, and Salesforce Supervision[J]. Journal of Marketing Research, 1993, 30(1): 78-90.

[70] Hunt Vitell. A general theory of marketing ethics[J]. Journal of Macromarketing Spring, 1986, 6 (1):5-16.

[71] Jones, T. M. Ethical Decision Making by Individuals in Organizations: An Issue-Contingent Model[J]. Academy of Management Review, 1991, 16(2): 366-395.

[72] Kahneman D., Miller D. T. Norm theory: comparing reality to its alternatives[J]. Psychological Review, 1986, 93: 136-153.

[73] Kahneman D., Knetsch J. L, Thaler R. H. Anomalies. The endowment effect, loss aversion, and status quo bias[J]. The Journal of Economic Perspectives, 1991, 5(1): 193-206.

[74] Katz I., Hass R. G. Racial ambivalence and American value conflict: correlational and priming studies of dual cognitive structures[J]. Journal of Personality and Social Psychology, 1988, 55: 893-905.

[75] Katz I. Stigma: A social psychological analysis[M]. Hillsdale: Lawrence Erlbaum Associates. 1981.

[76] Kelley S. W., Ferrell O. C., Skinner S. J. Ethical behavior among marketing researchers: An assessment of selected demographic characteristics[J]. Journal of Business Ethics, 1990, 9(8): 681-688.

[77] Kohlberg L. Stage and sequence: The Cognitive-Developmental Approach to socialization[M]. Chicago: Rand Mcnally, 1969.

[78] Laczniak G. R., Lusch R. F., Strang W. A. Marketing: Perceptions of economic goods and social problems[J]. Journal of Macromarketing, 1981, 1(1): 49-57.

[79] Leitsch D. L. Differences in the perceptions of moral intensity in the moral decision process: An empirical examination of accounting students[J]. Journal of Business Ethics, 2004, 53(3): 313-323.

[80] Lemmon E. J. Moral dilemmas[J]. The Philosophical Review, 1962, 71(2): 139-158.

[81] Lichtenstein S., Gregory R., Irwin J. What's bad is easy: Taboo values, affect, and cognition[J]. Judgment and Decision Making, 2007, 2(June): 169-188.

[82] Loe T. W., Ferrell L., Mansfield P. A review of empirical studies assessing ethical decision making in business[J]. Journal of Business Ethics, 2000, 25(3): 185-204

[83] Long B. S., Driscoll C. Codes of ethics and the pursuit of organizational legitimacy: Theoretical and empirical contributions [J]. Journal of Business Ethics, 2008, 77(2): 173-189.

[84] Luce M. F., Bettman J. R., Payne J. W. Emotional decisions: Tradeoff difficulty and coping in consumer choice[J]. Monographs of the Journal of Consumer Research, 2001 (1): 86-109

[85] Luce M. F. Choosing to avoid: Coping with negatively emotion-laden consumer decisions[J]. Journal of Consumer Research, 1998, 24(4): 409-433.

[86] Maner J. K., Schmidt N. B. The role of risk avoidance in anxiety[J]. Behavior Therapy, 2006, 37(2): 181-189.

[87] Marshall B., Dewe P. An investigation of the components of moral intensity[J]. Journal of Business Ethics, 1997, 16(5): 521-529.

[88] May D. R., Pauli K. P. The role of moral intensity in ethical decision making[J]. Business & Society, 2002, 41(1): 84-117.

[89] Mayo M. A., Marks L. J. An empirical investigation of a general

theory of marketing ethics[J]. Journal of the Academy of Marketing Science, 1990, 18(2): 163-171.

[90] McMahon J. M. An analysis of the factor structure of the multidimensional ethics scale and a perceived moral intensity scale, and the effects of moral intensity on ethical judgment[D]. Virginia Polytechnic Institute and State University, 2002.

[91] McNichols C. W., Zimmerer T. W. Situational ethics: An empirical study of differentiators of student attitudes[J]. Journal of Business Ethics,1985, 4(3): 175-180.

[92] Mellers B. A., Schwartz A., Cooke A. D. J. Judgment and decision making[J]. Annual Reviews of Psychology, 1998, 49(5): 447-477.

[93] Mellers B., Schwartz A., Ritov I. Emotion-based choice[J]. Journal of experimental psychology: General, 1999, 128(3): 332- 345.

[94] May D. R., Mencl J. An exploratory study among HRM professionals of moral recognition in off-shoring decisions: The roles of perceived magnitude of consequences, time pressure, cognitive and affective empathy, and prior knowledge[J]. Business & Society, 2016,55 (2): 246-270.

[95] Nichols S., Mallon R. Moral dilemmas and moral rules[J]. Cognition, 2006, 100(3): 530-542.

[96] Nicolle A., Fleming S. M., Bach D. R., Driver J., Dolan R. J. A regret-induced status quo bias[J]. The Journal of Neuroscience, 2011, 31(9): 3320-3327.

[97] O'Fallon M. J. Butterfield K. D. A Review of The Empirical Ethical Decision-Making Literature: 1996-2003[J]. Journal of Business Ethics, 2005, 59(4), 375-413.

[98] Okasha Samir. Biological Altruism[J/OL]//Edward N. Zalta. The Stanford Encyclopedia of Philosophy[2013-09-21]. https://plato. stanford.edu/archives/fall2013/entries/altruism-biological/

[99] Özdamar L., Ekinci E., B Küçükyazici. Emergency logistics planning in natural disasters[J]. Annals of Operations Research, 2004,129(1-4): 217-245.

[100] Pfister H. R., Böhm G. The multiplicity of emotions: A framework of emotional functions in decision making[J]. Judgment and Decision Making, 2008, 3(1): 5-17.

[101] Podsakoff P. M., MacKenzie S. B., Lee J. Y., Podsakoff N. P., Common method biases in behavioral research: A critical review of the literature and recommended remedies[J]. Journal of Applied Psychology, 2003, 88(5): 879-903.

[102] Prelec D., Herrnstein R. Preferences and principles, alternative guidelines for choice[C]. In: Richard Zeckhauser (eds.). Strategic Reflections on Human Behavior. Cambridge, MA: MIT Press, 1991.

[103] Reidenbach R. E., Robin D. P. A partial testing of the contingency framework for ethical decision-making: A path-analytical approach [C]. Southern Marketing Association, 1990: 121-128.

[104] Reidenbach R. E., Robin D. P., Dawson L. An application and extension of a multidimensional ethics scale to selected marketing practices and marketing groups[J]. Journal of the Academy of Marketing Science, 1991, 19(2): 83-92.

[105] Rest J. R. Moral Development: Advances in Research and Theory [M]. Westport: Praeger, 1986.

[106] Reynolds S. J. A neurocognitive model of the ethical decision-making process: implications for study and practice [J]. Journal of Applied Psychology, 2006, 91(4): 737-748.

[107] Riis J., Schwarz N. Status Quo selection increases with consecutive emotionally difficult decisions[C]. Poster presented at the meeting of the Society for Judgment and Decision Making, New Orleans, LA., 2000.

[108] Ritov I., Baron J. Status Quo and Omission biases[J]. Journal of Risk and Uncertainty, 1992, 5(1): 49-61.

[109] Ruedy N. E., Schweitzer M. E. In the moment: The effect of mindfulness on ethical decision making[J]. Journal of Business Ethics, 2010, 95(1): 73-87.

[110] Rushton J.P., Chrisjohn R. D., Fekken, G. C. The altruistic personality and the self-report altruism scale[J]. Personality and Individual Differences, 1981, 2 (4): 293-302.

[111] Salovey P., Mayer J., Rosenhan D. Mood and helping: Mood as a motivator of helping and helping as a regulator of mood [J]. Review of Personality and Social Psychology, 1991, 12: 215-237.

[112] Samuelson W., Zeckhauser R. Status Quo bias in decision making[J]. Journal of Risk and Uncertainty, 1998, 1(1): 7-59.

[113] Schlenker B. R, Forsyth D. R. On the ethics of psychological research[J]. Journal of Experimental Social Psychology, 1977, 13(4): 369-396.

[114] Schweitzer M. E., Gibson D. E. Fairness, Feelings, and Ethical decision-making: Consequences of violating community standards of fairness [J]. Journal of Business Ethics, 2008, 77(3): 287-301.

[115] Sheng C. W., Chen M. C. Is moral intensity applicable to natural environment issues[J]. African Journal of Business Management, 2001, 5 (17): 7533-7541.

[116] Singhapakdi A., Vitell S. J. Marketing ethics: Factors influencing perceptions of ethical problems and alternatives[J]. Journal of Macrornarketing, 1990,10(1): 4-18.

[117] Singhapakdi A., Vitell S., Franke G. Antecedents, consequences and mediating effects of perceived moral intensity and personal moral philosophies[J]. Journal of the Academy of Marketing Science, 1999, 27(1): 19-36.

[118] Singhapakdi A., Vitell S., Kraft K. Moral intensity and ethical decision-making of marketing professionals[J]. Journal of Business Research, 1996, 36(3): 245-255.

[119] Sirois F. M. Procrastination and counterfactual thinking: Avoiding what might have been[J]. British Journal of Social Psychology, 2004, 43 (Pt 2): 269-286.

[120] Spranca M. D., Minsk E., Baron J. Omission and commission in judgment and choice[J]. Journal of Experimental Social Psychology,

1991, 27: 76-105.

[121] Stead W. E., Worrell D. L., Stead J. G. An integrative model for understanding and managing ethical behavior in business organizations[J]. Journal of Business Ethics, 1990, 9(3): 233-242.

[122] Stocks E. L., Lishner D. A., Decker S. K. Altruism or psychological escape: Why does empathy promote prosocial behavior? [J]. European Journal of Social Psychology, 2009, 39(5): 649-665.

[123] Strauss A., Corbin J. Basics of qualitative research: Grounded theory procedures and techniques[M]. Newbury Park, CA: Sage, 1990.

[124] Sunstein C. R. Moral heuristics[J]. Behavioral and Brain Sciences, 2005, 28(4): 531-573.

[125] Svenson O. Values, Affect, and Process in human decision making: A differentiation and consolidation theory perspective[C]. In: Schneider S. L., Shanteau J. (Eds.). Emerging Perspectives On Judgment and Decision Research. New York: Cambridge University Press, 2003: 287-326.

[126] Sweeney B., Costello, F. Moral intensity and ethical decision-making: An empirical examination of undergraduate accounting and business students[J]. Accounting Education, 2009, 18(1): 75-97.

[127] Tanner C., Medin D. L. Protected values: No omission bias and no framing effects[J]. Psychonomic Bulletin & Review, 2004, 11: 185-191.

[128] Taylor B. Factorial surveys: Using vignettes to study professional judgment[J]. British Journal of Social Work, 2006, 36: 1187-1207.

[129] Tetlock, P. E., Kristel, O. V., Elson, S. B. Lerner, J. S., Green, M. C. The psychology of the unthinkable: Taboo trade-offs, forbidden base rates, and heretical counterfactuals[J]. Journal of Personality and Social Psychology, 2000, 78: 853-870.

[130] Tetlock, P. E. Thinking the unthinkable: Sacred values and taboo cognitions[J]. Trends in Cognitive Sciences, 2003, 7: 320-324.

[131] Trevino, L. K., Hartman, L. P., Brown, M. Moral person and moral mananger: How exectives develop a reputation for ethical lesdship[J]. California Management Review, 2006, 42(4), 128-142.

[132] Trevino, L. K. Ethical Decision Making in Organizations: A Person-Situation Interactionist model[J].The Academy of Management Review, 1986, 11(3): 601-617.

[133] Trivers, R.L. (1971). The evolution of reciprocal altruism[J]. Quarterly Review of Biology 46: 35-57.

[134] Tversky, A., and Kahneman, D. The framing of decisions and the psychology of choice[J]. Science,1981, 21(1): 453-58.

[135] Tversky, A., Kahneman, D. Availability: A heuristic for judging frequency and probality[J]. Cognitive Psychology, 1973, 5: 207-232.

[136] Tversky, A., Shafir, E. Choice under Conflict: The Dynamics of Deferred Decision[J]. Psychological Science, 1992, 3: 358-361.

[137] Tykocinski, O. E., Pittman, T. S., Tuttle, E. E. Inaction inertia: Forgoing future benefits as a result of an initial failure to act[J]. Journal of Personality and Social Psychology, 1995, 68: 793-803.

[138] Tykocinski, O. E., Pittman, T. S. Product Aversion Following a Missed Opportunity: Price contrast or avoidance of anticipated regret? [J]. Basic and Applied Social Psychology, 2001, 23: 149-156.

[139] van Harreveld F., Rutjens B. T., Rotteveel M., Nordgren L. F., van der Pligt J. Ambivalence and decisional conflict as a cause of psychological discomfort: Feeling tense before jumping off the fence[J]. Journal of Experimental Social Psychology, 2009, 45(1): 167-173.

[140] van Harreveld F., van der Pligt J., de Liver Yael N. The agony of ambivalence and ways to resolve it: Introducing the maid model[J]. Personality and Social Psychology Review, 2009, 13(1): 45-61.

[141] van Harreveld F., van der Pligt J., de Vries N. K., Wenneker C., Verhue D. Ambivalence and information integration in attitudinal

judgment[J]. British Journal of Social Psychology, 2004, 43(3): 431-447.

[142] Van V. M. Group selection, kin selection, altruism and cooperation: when inclusive fitness is right and when it can be wrong [J]. Journal of Theoretical Biology, 2009, 259(3): 589-600.

[143] Vitell H. General theory of marketing ethics[J]. Journal of Macromarketing, 1986, 6(1): 5-16.

[144] Vitell S. J., Dickerson E. B., Festervand T. A. Ethical problems, conflicts and beliefs of small business professionals[J]. Journal of Business Ethics, 2000, 28(1): 15-24.

[145] Wainryb C., Turiel E. Conceptual and informational features in moral decision making [J]. Educational Psychologist, 1993, 28(3): 205-218.

[146] Watley L., May D. Enhancing moral intensity: The roles of personal and consequential information in ethical decision-making[J]. Journal of Business Ethics, 2004, 50(2): 105-126.

[147] Watson G. W., Berkley R. A., Papamarcos S. D. Ambiguous allure: The value-pragmatics model of ethical decision[J]. Business and Society Review, 2009, 114(1): 1-29.

[148] Weber E. U., Ames D. R., Blais A. How do I choose thee? Let me count the ways: A textual analysis of similarities and differences in modes of decision-making in China and the United States[J]. Management and Organization Review, 2004, 1(1): 87- 118.

[149] Weinstein N., Dehaan C. R., Ryan R. M. Attributing autonomous versus introjected motivation to helpers and the recipient experience: Effects on gratitude, attitudes, and well-being[J]. Motivation & Emotion, 2010,34(4): 418-431.

[150] Yan S., Shih Y. L. A Time-space network model for work team scheduling after a major disaster[J]. Journal of the Chinese Institute of Engineers, 2007(1): 63-75.

[151] Zeelenberg M., Pieters R. A theory of regret regulation 1.0[J]. Journal of Consumer Psychology, 2007, 17(1): 3-18.

[152] Zeelenberg M., Nelissen R. M. A., Breugelmans S. M., Pieters R. On emotion specificity in decision making: why feeling is for doing[J]. Judgment and Decision Making, 2008, 3(1): 18-27.

[153] Zeelenberg M. Anticipated regret, expected feedback, and behavioral decision making[J]. Journal of Behavioral Decision Making, 1999, 12(2): 93-106.

[154] Zhuang G., Tsang A. S L. A study on ethically problematic selling methods in China with a broaden concept of gray-marketing[J]. Journal of Business Ethics, 2008, 79(1-2): 85-101.

[155] Zych J. M. Integrating ethical issues with managerial decision making in the classroom: Product support program decisions[J]. Journal of Business Ethics, 1999, 18(3): 255-266.

[156] Li Liang, Zheng Xiaomeng, Sun Maijing. Development of ethical decision making scenarios that focus on emergency rescue[C]. 8th International Conference on Service Systems and Service Management-Proceedings of ICSSSM'11, 2011: 1-5.

[157] 常运立，马格，杨放. 美军医疗人道援助的伦理探析[J]. 医学与社会，2008，21（1）：19-21.

[158] 陈向明. 质的研究方法与社会科学研究[M]. 北京：教育科学出版社，2000.

[159] 范丽群，周祖城，石金涛. 国外企业道德决策模型述评[J]. 东华理工学院学报：社会科学版，2005，24（1）：71-75.

[160] 方平，李英武. 情绪对决策的影响机制及实验范式的研究进展[J]. 心理科学，2005，28（5）：1159-1161.

[161] 胡孝忠，叶常林，李影. 从汶川地震看行政伦理主体应具备的伦理道德[J]. 理论观察，2008（5）：54-55.

[162] 贾旭东. 基于扎根理论的中国民营企业创业团队分裂研究[J]. 管理学报，2013，10（7）：949-959，1015.

[163] 金杨华，吕福新. 关系取向与企业家伦理决策——基于"浙商"的实证研究[J]. 管理世界，2008，（8）：100-106.

[164] 金杨华. 情绪对个体判断和决策影响研究概述[J]. 心理科学，2004，27（3）：705-707.

[165] 李良，郭强，李军. 震后紧急搜救资源配置[J]. 系统工程，2008
（8）：1-7.

[166] 李良，尧俞，郭耀煌，何安涛. 元决策与群决策[J]. 软科学，2001
（5）：6-8，16.

[167] 李天莉. 灾害事故医疗救助中的伦理关系[J]. 中国医学伦理学
2002，15（6）：16，20.

[168] 李晓明，王新超，傅小兰. 企业中的道德决策[J]. 心理科学进展，
2007，15（4）：665-673.

[169] 李燕萍，贺欢，张海雯. 基于扎根理论的金融国企高管薪酬影响
因素研究[J]. 管理学报，2010，7（10）：1477-1483.

[170] 刘春林，何建敏，施建军. 一类应急物资调度的优化模型研究[J].
中国管理科学，2001，9（3）：29-36.

[171] 刘春林，施建军，李春雨. 模糊应急系统组合优化方案选择问题
的研究[J]. 管理工程学报，2002，16（2）：25-28.

[172] 刘欢，梁竹苑，李纾. 行为经济学中的损失规避[J].心理科学进
展，2009，17（4）：788-794.

[173] 刘雪松，王晓琼. 汶川地震的启示——灾害伦理学[M]. 北京：
科学出版社，2009.

[174] 梅胜军. 伦理决策研究进展与展望[J]. 人类工效学，2009，15
（3）：65-67，封三.

[175] 彭茜，庄贵军. 行为合理化对销售人员灰色营销行为倾向的影
响[J]. 管理科学，2012，25（1）：55-65.

[176] 孙颖，池宏，贾传亮. 多路径下应急资源调度的非线性混合整数
规划模型[J]. 运筹与管理，2007（5）：5-8.

[177] 汤金洲，郭照江. 灾害医学紧急救治中的伦理冲突[J]. 中国医学
伦理学，2001（2）：28-29.

[178] 田学红，杨群，张德玄，张烨. 道德直觉加工机制的理论构想[J].
心理科学进展，2011，19（10）：1426-1433.

[179] 王鹏，方平，姜媛. 道德直觉背景下的道德决策：影响因素探究[J].
心理科学进展，2011，19（4）：573-579.

[180] 吴建友. 审计师道德决策模型比较及启示：基于准则与基于认知
发展阶段[J]. 审计研究，2007（2）：75-80.

[181] 吴宗佑. 工作中的情绪劳动：概念发展、相关变项分析、心理历程议题探讨[D]. 台北：台湾大学心理学研究所，2003.

[182] 张怀承. 灾害伦理学论纲[J]. 伦理学研究，2013（6）：55-59.

[183] 张蒙萌，李艳军，王海军.农资品牌连动力及成因探索[J]. 管理学报，2013，10（7）：1024-1033.

[184] 张毅，郭晓汾，李金辉. 灾后道路抢修和物资配送的整合优化算法[J]. 交通运输工程学报，2007（5）：117-122.

[185] 周浩，龙立荣. 共同方法偏差的统计检验与控制方法[J]. 心理科学进展，2004（6）：942-950.

[186] 朱建明，韩继业，刘德刚. 突发事件应急医疗物资调度中的车辆路径问题[J]. 中国管理科学. 2007，（15）：711-715.

[187] 庄锦英. 情绪与决策的关系[J]. 心理科学进展，2003，11（4）：423-431.